爱养

银子————著

中信出版集团|北京

图书在版编目（CIP）数据

爱养 / 银子著 . -- 北京 : 中信出版社 , 2020.1
ISBN 978-7-5217-1120-2

Ⅰ.①爱… Ⅱ.①银… Ⅲ.①心理学—通俗读物
Ⅳ.① B84-49

中国版本图书馆 CIP 数据核字（2019）第 219413 号

爱养

著　　者：银子
出版发行：中信出版集团股份有限公司
　　　　　（北京市朝阳区惠新东街甲 4 号富盛大厦 2 座　邮编　100029）
承　印　者：北京诚信伟业印刷有限公司

开　　本：880mm×1230mm　1/32　　印　张：9.25　　字　数：195 千字
版　　次：2020 年 1 月第 1 版　　　　印　次：2020 年 1 月第 1 次印刷
广告经营许可证：京朝工商广字第 8087 号
书　　号：ISBN 978-7-5217-1120-2
定　　价：54.00 元

版权所有·侵权必究
如有印刷、装订问题，本公司负责调换。
服务热线：400-600-8099
投稿邮箱：author@citicpub.com

目录 CONTENTS

序 / V

第一章　父母从这里启程 / 001

为人父母是一种职业，需要相应的"职业技能" / 003
成为好父母 / 006
你会带给孩子何种情感依恋关系？ / 018
父母对孩子成长早期的影响 / 030

第二章　爱要怎么说出口 / 041

不做唠叨的父母 / 043
言行之中庸之道 / 045
幽默是免费的娱乐 / 053
管理情绪 / 056
身体会说话 / 059
有话好好说 / 063

第三章　大自然的治愈力 / 075

大自然的治愈力 / 076
大自然的引导力 / 083
大自然的教育力 / 096

第四章　不学自然无术 / 103

为什么要终身学习？／ 107
爱上学习 / 115
尽量不让孩子偏科 / 126

第五章　读书是王道 / 131

开卷有益 / 133
教育从阅读开始 / 135
反阅读？／ 137
浅阅读？／ 146

第六章　享乐和发展 / 153

人人都离不开游戏 / 154
游戏可以预防心理疾病 / 160
在玩乐，也在发展 / 165
怎样教孩子学会玩？/ 171
自然游戏和非自然游戏 / 176

第七章　陷在网瘾中的孩子 / 181

易成瘾人群 / 186
易成瘾者的学业危机 / 205
易成瘾者的生活危机 / 210
如何预防网瘾恶化 / 218

第八章　由内而外地成长 / 227

养成好习惯 / 229
提高学习效率 / 242

抓住学业关键期 / 248
扫清学业障碍 / 252

第九章　他山之石可以攻玉 / 261

后　记 / 283

序

自然界里，当条件适宜时，大多数树木都会长得高大茂盛，天气恶劣时，树木则长得矮小稀疏。橡树是一种高大壮观的树种，它的树枝结实得让人安心。可是，当一粒橡树种子掉在悬崖峭壁间，即使历经两个世纪的漫长时光，它也只能长得像一株盆景植物般矮小。这就是多石贫瘠的土地和肥沃土壤给种子的成长带来的区别。

那些幸运地生长在开放空间的树，就像躺在羽绒被上的波斯猫那样舒展，它们千姿百态，肆意伸长自己的身体，拥抱天空。

而那些带着针叶和尖尖的树冠的树种，明显是为了抗拒严寒、抖掉积雪，以便保存自我。

晴朗夏夜的苍穹，那颗最亮的星星是木星，它主要由地球上含量较少的氢元素组成，令人惊讶的是，木星上的氢气更多表现为液态"金属氢"。

这种可以让气球轻轻飘扬起来的氢气，怎么就变成了致密光泽的金属？听起来像神话故事吧，实际上，这是木星内部环境的高压所致，木星上的压强是地球上的 10 万倍。

不同的环境，造就了同一种物质完全不同的物质形态。

你的孩子，是在什么环境下成长的呢？是像爱抚猫咪时的舒展，还是像穿越荆棘时的局促？是轻松活泼，还是沉重压抑？

儿童大都有原始动物式的本能，能领会各种微妙的气氛只是不知其所以然。自认为会伪装，满面堆笑的大人，其实逃不出儿童敏锐的直觉。父母们一方面呕心沥血，为孩子们劳心劳力，另一方面可能不知不觉地把成年人的焦虑、恐惧、敌意、愤怒，或者骨子里的不自信，带入儿童高度敏感的内心世界，影响了这些小生命对生活最初的认知。

作为父母，我们很难在非常具体的事件上，对越长越大的孩子硬性要求，比如让他"去，考个高分回来""别打游戏""别交这个烂朋友"……这些生硬的命令，在面对日益长大的孩子时是如此苍白，而父母又将如何面对自己的无力呢？

只有家庭的和睦，才会让孩子的"知"性提高，从心底接受家规。即便家规清严，只要家中的气氛开明温暖，那么再严明的纪律也能带给孩子愉快的感受。在有爱的家庭中，孩子愿意去遵守生活中的规则，愿意听家长的话，不仅听话而且内心还是欢喜的，因为他想对所爱的家人表示依顺。让你的孩子既爱你又怕你——因为爱你而怕你，这才是父母权威和情感的完美调和。

可见，最高的"知"总是和最高的"情"在一起。

所以为人父母的朋友们要对生活和家庭投入热烈的"情"——把对孩童的养育热忱，郑重地放入生活模式的方方面面——陪伴、指引、家规、疼爱、住宅、物件、生活用器、服饰、佳肴……我们的文明之美是建立在建筑、服饰、器皿、饮馔上的，这些都是家庭概念形成后才发展出来的。

"家"中的每个细节，有了时间与空间的映衬，有了对物的亲切，有了对人的亲切，此为不言之教，已然教会儿童自己看风头颜色，感而知之。

中国的庭院建设，无非寻方丈之地可以寄天地无穷之景。儿童正是成长在家庭的方丈之地，感受人与世间的关系，感受现实的热情和与环境的调和，从点滴间获得对美的欣赏、对自然的欣赏、对生活的欣赏、对自我的欣赏、对生命的欣赏。

不必富贵人家，小家小户也好，让孩子去感受人世的深稳安定。家庭的气氛尤为重要，一家人常常聚在一起，彼此之间富有情意，喜滋滋、笑盈盈地和乐着，扯着闲章，这便是家庭的一道美丽风景。

当孩子充分获得对生命的感知力，待成年以后，即使他遇到人生困顿，先前丰富的滋养，足以安抚他内心的躁动不安——这种滋养有可能是童年里最常见的妈妈做的一碗热气腾腾的面条，或是知了长鸣、漫长慵懒的夏天的回忆，或是在清澈见底的小溪旁与父母一同野餐的味道。

甚而，他只要看见一棵柳树秀美的叶片在季节交替时开始变化，只要看见被微风拂起的清波一圈一圈在湖面快意地漾开，就足以平复内心的不安。此时的他，不仅是你们的孩子，也是自然之子。

在一个温馨的家里，孩子感怀于阳光下枝头的露水，那种感觉就好似他自己是朝阳时新鲜的露珠一般。

记得我家小宝3岁左右的时候，有一天，下着不大不小的雨，我走在她的后面，看见她擎着阳伞在前面走，双手向前远远地高高地擎着伞，小手使着劲儿。小宝的认真模样，就像擎着的是整个世界。我在她身后，不由得感慨着小家伙的认真。

你是否还记得当孩子呱呱坠地时的那声嘹亮的啼哭？你有些笨拙地抱着这个软软的小生命，脸上那种又欢喜又小心的样子，像极了擎着伞的小宝的认真和珍重。

请保持这份珍重，寻常的、无聊的、艰难的光阴将因珍重而变得新颖，仿佛早春的鸟啼山涧。

当然，你不是我，你的孩子也不是我的孩子，养育本身就是创造，创造小生命的无限可能性。教育虽不能复制，但可以借鉴、可以学习。祝福读者朋友们开启属于自己的养育之旅，让我的文字陪您一起看山长水乐。

第一章
父母从这里启程

- 为人父母是一个职业,需要相应的职业技能。
- 如果你追求高品质的养育,最好的办法就是和爱人一起学习。
- 为人父母前,先和自我对话,从自己的行为中去发现童年的痕迹。
- 年幼时,父母是我们心中的上帝;成年后,很多人会用什么来填补心中父母角色的空缺呢?
- 摆脱成长中的阴影,实施"再见"行动。告别原生家庭,告别悲伤。
- 一份高质量的亲子依恋关系,不是依赖于父性和母性的本能,在情感之上还得有理性的力量。理性的力量是习得的而非天生的。
- 提供安全感并非无原则的温柔妥协。
- 早期的安全依恋不能确保孩子在未来有良好的适应性;非安全依恋也不意味着孩子未来的生活质量会很差。
- 血缘关系不等于血肉之亲,孩子成长早期勿远离。

父爱母爱常被称作一种天性，无须学习。那么，如果一个人跟随孩子的天性和本能，就能为其带来令人开心的养育吗？

其实我们不能大意，即使是天性，也有可能被扭曲，缺乏技巧和理性应对的天性还可能给孩子带来伤害，这不是简单一句"我做的都是为孩子好，怎么可能害我自己的孩子呢？"就能解释的。

有太多感觉自己很失败的父母就是稀里糊涂地面临着养育困难，他们显然不是成心出错，而是不知道自己养育孩子的方法有失妥当。

所以，"为人父母"的过程并不轻松，必定会遇见困难，没有信心和决心战胜困难的人，在生孩子之前真的需要再三斟酌。那个来到你身边的"小天使"，会让你欣喜若狂，有时也会让你抓耳挠腮，叫苦不迭。

但当你年迈时，再回首，就会发现我们的成长和孩子的成长其实是连在一起的，它们紧紧相随，一切感受都是无可替代也无法再被复制的。生儿育女的过程无关完美，但有关幸福。

本章无意让父母因觉得养育路上并非一帆风顺而生出悲观情绪，而是要阐明父母的责任如此伟大和重大，我们需要有脚踏实地的乐观精神，并且要从现在做起，从此刻做起，行动如风，而非空谈理想主义。

为人父母是一种职业，需要相应的"职业技能"

现在为人父母的人注定比前辈们困难

不少家长困惑地对我说："我们年幼时没那么好的条件，也没那么多的问题，有时家里孩子好几个，父母还要养家糊口，根本无暇顾及每个孩子，更谈不上什么心理关怀，但我们也都长这么大了；怎么现在教育孩子这么不容易，好像一不留神就会犯错误似的？"

如果想不通，要怪就怪这个时代吧，时代变了，社会生活和环境变了，现在做父母亲是注定比我们的父辈或祖辈更困难的。社会对父母角色提出了新的要求，更何况家庭教育本身就是一门科学，有一整套理论知识和实践经验，仅凭个人经验教育必然感觉匮乏无力。

在计划经济时代，读好书端个铁饭碗，就能衣食无忧。若混个资历，大大小小还能升个官。再往前是小农经济时代，人们以家庭为单位生活，好好听亲爹的话，搞好这一亩三分地，就有吃有喝了，独立创新意识没多大用处，只要听话、顺从父母就好。在那个时代，孩子缺乏创新能力不仅能适应当时社会，还有助于家庭稳定。

而今天，我们经常挂在嘴边的是知识经济、信息时代、创新意识、综合素质、复合人才这样的字眼，这样对人才的要求必然更多了，大学毕业找不到工作的人不在少数。所谓的综合素质和创新意识都不是天生的，也不是死读书就能学来的，这需要有意识地培养。所以，每天执着于孩子考多少分是没有大用处的。

尤其值得一提的是网络，它正在改变人们的生活方式。若干年前你能想象有一个电子小屏幕，我们用它可以打电话、看电视电影、听音乐、发电子邮件、写文章、获取信息、翻看文件夹里的视频、交朋结友吗？我们甚至还可以用它和陌生人打游戏，和大洋彼岸的人谈情说爱。

> 知不知，上，不知知，病。
> ——《道德经》

王勃早说过："海内存知己，天涯若比邻。"当时这位古人应该是在想象，他何曾能想到现在这已变成现实了。

如果你追求高品质的养育，最好的办法就是学习

什么工作没有节假日，没有加薪，而且不能辞职？

你需要一直工作，或者随叫随到，而且这份工作要全年无休，连续干18年甚至更长时间。

此外，目前这项工作的难度比以前任何时候都更难。

这份非同寻常又如此不易的工作，就是为人父母。现今的养育任务，较从前更为考验父母，所以生儿育女之前，我们要先做好心理准备。凡事有个预期，并适当学习一些应对技巧，这样当困难来时我们也许更加从容，不会那么紧张。心里有底，处理起问题才会更有效率。

所以，想要做个好爸爸或好妈妈需要有备而来，把养育孩子当成一份职业。而且，父母的工作不能由旁人替代，尽量不要把孩子托付给旁人教育。

当我们怀着满腔爱意"上岗"时，首先需要了解相应的职业精神和职业技巧。虽然没有人会为了养育子女去取得某些资格，但家庭的冲突大多源于父母无法解决的养育难题。

这些知识要通过有意识地学习才能掌握。

世上没有无知的父母，只有没有学习精神的父母；世上没有笨爸笨妈，只有懒爸懒妈。

家长理应得到各种帮助、知识和支持。事实上，为人父母者给予的总是很多，得到的却很少。所以，社区或者某些机构可以尝试开展一些工作，为家长们提供一个场所，方便他们分享养育心得或者彼此安慰。即使只是一个拥抱，也可以让这些忧虑的父母平静下来。

当然，有一天孩子眼神明亮地看着你们说："爸爸妈妈，你们是世界上最棒的！"你们将会品尝到世界上最甜美的甘露。

有些父母说，通过学习他们虽知道正确的育儿方法是什么，但还是不容易达到很满意的状态。那就不要苛求自己，因为你已经尽力了，而且做不到完全正确（这世界上也许没有育儿真理，我们只是尽量让自己离谬误稍远一点儿），但你至少不会轻易去犯错。

可是，如果完全跟着感觉走，过于相信自己的本能，那结果就不好说了。你的感觉会骗你吗？（参见图 1-1）

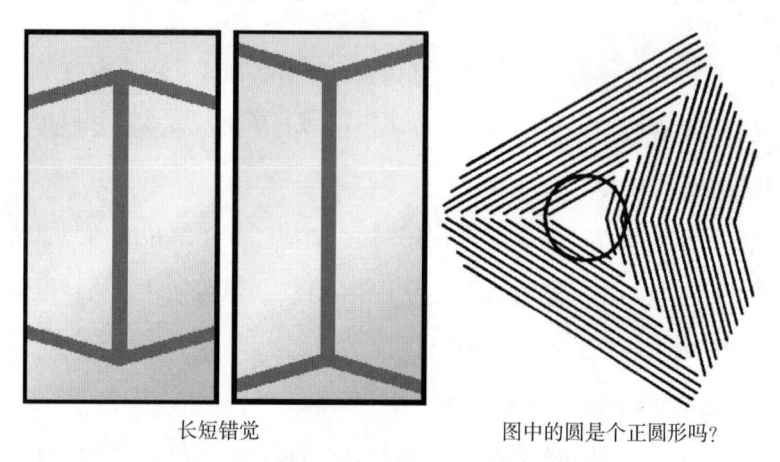

长短错觉　　　　　　　图中的圆是个正圆形吗？

图 1-1　快乐链接：你的感觉会欺骗你吗？

成为好父母

先与自我对话

如果父母之爱不善加利用，可能会造成这份爱的质量有所降低。

那么，有哪些因素会带来影响呢？

让我们先来看看你的环境条件和个人特点。

你的经济拮据吗？

住房拥挤吗？

身体健康吗？

你觉得自己小时候幸福吗？

你容易闷闷不乐、情绪低落吗？

你们夫妻之间恩爱吗？

宝宝降生后和你在一起的时间多吗？

你们起初想要这个孩子吗？

你认为宝宝是生不逢时吗？

如果以上问题的回答有一半是负面的，就要引起你的关注了。

尽管我们不能断言：恶劣的环境条件一定会导致母爱的缺乏，但有一点是毫无疑问的，那就是母爱的力量只有在适宜的环境中，才能得到最好的发挥，就像发芽需要适合的温度一样。

从自我行为中发现童年的痕迹

我在工作中遇见了这样一对母女：女儿对妈妈充满怨恨，妈妈则哭诉，女儿曾让她跪在家门口的马路中间。人来人往，妈妈觉得很羞耻，只能把头深埋下来。这时，女儿立即冲过去，扇了她两耳光，厉声说："把头抬高跪正，谁让你低下头！"于是，妈妈只能照做，跪了一上午。

这实在令人无法理解吧。那么，让时光倒流到女儿童年的时候，她的爸爸长年在外工作，而且有了外遇。她的妈妈性格暴躁易怒，打骂孩子是家常便饭，扫帚、板凳、筷子、碗等，通通都是她打女儿的工具。

有一次，好不容易爸爸回来了一趟，买了精致的礼物送给女儿。妈妈却把看起来极其诱人的礼物放在桌上，让女儿坐在一米远的椅子上，故意让她眼巴巴盯着那礼物，只许看，不许摸，更不许拆，就这样折磨着她。女儿实在忍不住，咽着口水，蠢蠢欲动，抬起屁股准备看一眼礼物。突然，"嗖"的一记耳光从天而降，孩子脸上立刻出现了几道红印，只见妈妈痛斥女儿："让你动！有本事你再动，看我不打断你的腿！"到最后，女儿也不知爸爸买了什么送给她。

那么，从什么时候开始，妈妈和女儿的地位发生了这么大的反转呢？女儿渐渐长大了。有一天，妈妈拿着晾衣竿准备抽打女儿，人高马大的女儿迅速夺下晾衣竿，同时反扣住妈妈的手说道："臭婆娘，让你再敢打我！"

这对母女看起来匪夷所思，这位母亲性格的确易怒，在常人看来她的做法已经有些变态了。她何至成为这样？她真的那么厌恶自己的亲生女儿吗？

这位母亲的直接刺激事件是与丈夫感情不好，丈夫在外做生意，有了外遇，想和她离婚，她就是不离，不甘心便宜了别的女人。她没有力量去接受丈夫有外遇的事实，越不面对现实，她的心里越痛苦。在漫长的等待和失望中，她所有正常的情感都被扭曲了，变成怨妇加弃妇，最后成了悍妇，孩子便成了她的出气筒。

当女儿渴望礼物时，她对女儿的折磨，已经被她想象成她在惩罚那个负心汉。抽打女儿时的快感被无意识地变成在报复无情的丈夫。

这个女儿没有得到双亲之爱，她当然也没学会怎么去爱，她从妈妈身上学会的是暴力、愤怒和抑郁，她从爸爸身上学会的是淡漠和疏远。所以，成年后的她如法炮制地对待妈妈。[①]

那这个女儿如果将来也生了一个女儿，又会怎样呢？她的婚姻生活会顺利吗？

摆脱成长的阴影

如果这个女儿对自己没有正确的认知，没有及时得到修正或治

---

① 《变态心理学期刊》(*Journal of Abnormal Psychology*) 在 1987 年曾经刊载一份研究，特别针对有"行为障碍"（即有暴力倾向）的女孩进行探讨。结果显示，有暴力倾向的女孩，她们的母亲所展现的敌意特质不但高于其他母亲，而且母子间在敌意性格上的关联程度，也以同性母子最为显著。该研究的作者因此得出以下结论："父母的行为，尤其是母亲的行为，很可能成为其女儿仿效的对象。"

疗，那么等她有了孩子，也许会用和妈妈同样的方式去对待自己的人生。我们可能会发现历史居然惊人地相似，不幸也许会再次降临到这个女儿身上。

有些喜欢对孩子施展拳脚的爸爸会这样说："我从小就是被打大的，现在不也好好的？怎么这小子……居然敢不听话了！"

当我们是孩子的时候，我们总以为大人有理，以至于有时压抑了心中微弱的反抗声。我相信这种在暴力中成长的男性起初被打时也不可能是心甘情愿的，但慢慢就认同了体罚的方式。

但是，有些人却能够自悟，努力地不让过往的伤害继续干扰和打乱他们接下来的生活。

如果你不喜欢你的成长经历，那么你会想去改变，这个改变可能是艰难的，你必须自己创造出一个为人父母的榜样。

你可能会感叹："我不愿意像我父母那样做，但为什么我总是在做同样的事情？"

你意图重新书写你的童年经历，如同打破一个养成多年的恶习。习惯的力量都是非常强大的，熟悉的行为模式让你无法自拔，它还会让你放弃改变的意愿。

因为，你的童年经历无论快乐与否，年复一年日复一日，它已经成了你生活中的一部分。

尤其那些在小时候被忽视、受虐待的孩子，往往都想改变以前的痛苦。他们常常会许下美好的愿望，发誓不让自己的子女受到他们曾遭受的伤害。

可是，当他们的孩子生气烦躁，没有百依百顺时，这类父母很可能感觉自己再次遭受了情感挫折（就像童年渴望亲情时的受挫感），他们会减少和回收自己的情感，甚至可能忽视或虐待他们的子女，或者表现得情绪不稳定，在虐待和溺爱之间来回变化。

当然，如果你喜欢父母亲养育你的方式，他们就是可接受的榜样，你会用他们的方式来对待你的子女。而你也是幸运的，因为你心中有父母之爱的力量。

那么，不幸的成长经历真的如此沉重，非要我们用余生去背负，而且还有可能伤害下一代，并且改变起来如此困难吗？

"再见"行动，告别原生家庭

如果你想更轻松地上路，去做一个成熟的成年人，去做成熟的父母，那么你首先需要告别的是自己的原生家庭，你要和自己的父母说"再见"——这不是要你和他们断绝关系，你只是在内心宣布独立。

> 25岁的阿哲坐在我的办公室里说："我早就和我父亲说再见了，我父亲在7年前就和我断绝关系了，而且我也不想和他联系，我和他没什么关系了。"

不，这绝不是"再见"。阿哲的情况实质上和依赖的情况一样，他并没有完成离家的过程。他叛逆性地断绝和原生家庭的关系，实际上在情感上还是与原生家庭紧密结合在一起，不过不是以依赖的方式，而是以痛苦、怨恨的方式或带着隐藏的愤怒和憎恨，这样的负面力量很强大。

健康的关系，永远是一种平衡的关系，它既不会紧密到让人窒息，也不会疏远到完全分离。

"再见"行动怎么去做呢？

最简单最直接的方法，就是坐下来和你的父母好好谈一谈，告诉他们你的生活和你的决定。不过，这不是每个人都能做到的。如果你无法做到，那么你可以采取下面的方式。无论如何，你最好完成这个倾诉的步骤。

在心理辅导中，我们常会采用这样的方法帮助你完成：

你坐在一把椅子上，然后在对面摆上一张空椅子，让椅子面向你。想象你的妈妈就坐在那张椅子上，好像她就在你面前一样，告诉她你成长过程中所有的感受：痛苦、欢乐、骄傲、沮丧。然后再想象你爸爸坐在那椅子上，继续采用这样的方法完成这一步骤。

这时候，你可以放声痛哭，让悲伤淹没你……

你也可以破口大骂，把愤怒发泄出来……

只要不是装得无动于衷，怎样都好。

如果你的父母已离世，你可以去他们的墓地，倾诉真实的情感，这对长期受压抑和受伤害的心灵有很好的疗效。

还有一个方法就是写信。有些人无法当面表达感受，那么可通过写信的方式，尽情释放和宣泄出自己所有的感受和痛苦。信件不一定要立即寄出去，你可以在你的心情已经平复许多的时候再把信寄出去。

谁是世界上最完美的父母？

我们知道，每个人的成长经历或多或少都有些伤痕，而且父母有时也无法弥补自己犯下的错误，这不是因为父母想刻意伤害子女，而是因为他们也是普通人，并不完美，也会犯错。

在你小的时候，父母就是你心中的上帝。那么，当我们以某种方式和父母在情感上告别后，又该用什么来填补心中父母角色的空缺呢？

对于心理严重受伤的孩子，当他们觉得完全依靠个人力量很难改变过去时，可以求助专业的心理机构。

其实，对于童年生活在痛苦、受虐或其他不健康的家庭关系中的人来说，用正确的方式和原生家庭道别是一件非常艰难甚至无法做到的事。他们会说：

"没必要吧！我已经走出来了！为什么还要去回忆这些痛苦的往事？我已经忘了，为什么还要搅进去？"

其实，他们潜意识并不想离开原生家庭，因为离开就意味着再也没有机会"修补"过去了。或者是他们内心还有强烈的抵触情绪或者不甘，所以无法轻易放下"恨"，放下"委屈"。

虽然"离开"很痛苦，但这是值得的，因为只有这样，你才能真正摆脱过去的阴影。你的内心才能更为强大，重获自由。

> 当你不再执着于一件事物或一种习惯，它就失去了指挥摆布你的能力。你也就获得了自由。

案例呈现

M，7岁男孩，私生子，出生后不久便与亲生母亲分开，后被他人领养。他的领养家庭里有一个严厉的母亲、一个冷漠的父亲、一个11岁大的姐姐。

M的问题表现：攻击性，说谎，偷窃。没有朋友，内向，闷闷不乐，似乎对任何人都没感情。

游戏治疗室：沙子，水，游戏玩具，睡袋、绘画材料。

治疗周期：一周两次，每次50分钟，共计7个月。

治疗摘录：	
初期	M把脸藏在长长的刘海里，不想看我	他在游戏室里充满敌意，粗鲁地乱扔东西。他用力殴打玩具娃娃，把它丢到房间的角落，甚至想吓唬我

(续表)

案例呈现

治疗摘录：

中期	他会把刘海扒开，偶尔看我一眼，开始敢于直视我的眼睛	7周后，M的母亲被要求参与治疗。 有一次治疗带有转折性的意义，这是母子双方关系的一个转折点。 M、我和他的母亲玩"躲猫猫"，由M来进行安排。M让我们事先躲起来，然后他抱着乌龟玩具悄悄地走过来告诉他母亲，只要找到乌龟，就能找到他。 接着他钻进游戏室中的睡袋里。我建议他母亲全心投入游戏，并且在找到M后表现出非常开心、舒畅的样子。
	他有时殴打玩具娃娃，有时却会摸一摸它，两种行为交替出现	
中期	制作绘画作品或其他游戏作品时，他会突然停止任务，不做了	这个小游戏为什么富有意义？因为孩子从钻出睡袋到投入他母亲怀中，是一种重生的象征。 一个从出生伊始就被亲生母亲拒绝接纳的宝宝，在他记忆里的程序被潜意识改动了：被母亲愉快地拥在怀中，而不是厌恶而又残忍地推开。
后期	M剪了刘海和较长的头发，看起来清爽利落	M对被殴打的娃娃表示歉意，开始对现实中不合适的行为表示悔意	M能表露出一些情感，比如对我的喜欢	M能完整地完成安排的游戏任务	M在家里不任意撒气，性格上有一些弹性了

治疗结束。并非所有问题都能被圆满解决，母子之间新发展出来的情感联结将是进一步治疗以及生活的基础。如果孩子内心受伤严重，就需要长期的复原历程，而这个历程也不仅仅是在治疗室内就能完成的。

——摘录自私人案例笔记

拿出勇气，开放心态，让不可能成为可能

如果你已经是孩子的父母，在看这本书时，你发现自己有些方面做得不是太好，或者你的另一半做得不好，那么不要指责自己或指责别人——花费时间在指责上只会让你失去效率。那什么是有效率的想法呢？我们可以这样思考：

- ◆ 现在你在什么地方？你在做什么？正在发生什么？你想去哪里？你想改变什么？
- ◆ 和你的爱人一起，找个安静的地方，拿出笔来回想一下你们自己的童年经历……
- ◆ 写下至少5个对你有帮助的家庭经历……它们为何对你有帮助？
- ◆ 再找出5个你认为糟糕的家庭经历……为什么你认为这些经历很糟糕？
- ◆ 再让对方重复上述行为。
- ◆ 由对方来指出你在养育中存在的一些问题，并且分析这些行为从何而来。
- ◆ 什么引导你做出不当的行为？
- ◆ 列出你们试图改变的部分，想想看，可以用哪些行为来代替呢？……
- ◆ 双方签订口头或书面协议。

◆如果执行中重蹈覆辙,那么双方都有权利和义务提醒对方,使改变越来越有成效。

当你在这样做的时候,千万不要借此攻击伴侣,试图为教训对方找些合理论据,说明对方如何不对。这样做没有意义,没有结果,大家应该就事论事,表现得平静且智慧些。

假如我们想改变,就寻找一些办法让这些改变运作起来,如一些类似以上的分析和思考,不要再去纠结谁是谁非这样没有建设性的问题。

过去的事,故意犯错也好,无意犯错也罢,当下,你只管丢弃它!

虽然放下过去需要很大的勇气,但只要一个人有足够的勇气,他就随时都可以改变自己,去挑战熟悉和习惯的强大力量,成为一个更完整的人。

当我说起勇气,请不要立刻展开一个勇士的身躯和豪言壮语、无所畏惧、坚强果敢之类的联想。勇气是心里有恐惧、有疑惑,还有痛苦,但你还是继续向前。一个什么都不知道害怕的人,不是勇士,八成是脑袋进水了。

这个世界上也许没有放之四海皆准的道理,但凡事抱着开放的心态很重要,不要用各种条条框框去把自己限制住了。不做限制,你才会发现世间有无限可能性,"一切皆有可能"。这才是希望所在。

你要先敞开内心,去接纳或包容四面八方的声音,有足够的信息量，才能听见属于自己的声音，从中找到能装进自己生活的滋养物。最终合适与否，你就得仔细问问自己的内心了。

> 孩子同其主要照料者之间的最初关系，构成了未来所有关系的起点。
> ——约翰·鲍尔比，依恋理论之文

你会带给孩子何种情感依恋关系？

三种依恋类型

小林看起来个性活泼，与朋友的关系也不错，但她在恋爱上总是以失败告终。她一年内要换几个男朋友，每次都是她热情地追求男友，刚开始她都很依赖对方，没过多久又以分手告终。她频繁换男友不是因为花心，而是因为男友大都受不了她，要和她分手。她极度渴望爱，却总是不能如意。

小林委屈地说起其中一个男友的事：她对男友很体贴，男友中午不爱吃食堂的饭，于是小林只要有空会给他做饭送过去。男友开车去上班，头天晚上她会查查汽油是否没了，然后帮他加满油，怕他迟到。

"我对他那么好，可他从来都不知道体贴我。我有时打电话给他，他说一声忙就挂了，根本不顾及我的感受。我感觉他根本不爱我。"

"他工作很忙，我就去他单位门口等他下班。有时打他电话他也不接，我拼命打电话给他，他就是不接，怎么会忙成这样？当然，我有时怀疑他脚踩两只船，所以会查看他的短信，甚至偷看他的邮箱。我们经常吵吵闹闹，最后他居然说受不了我，提出了分手。"

小林恋爱不能成功的原因是什么？她的恋爱模式受什么因素影响？

小林和父母之间的依恋关系早年是种什么模式？实际上，她属于典型的矛盾焦虑型依恋关系（具体解释见表1-1）。

表1-1 依恋类型

类型	表现	成长家庭环境	成为父母后可能的养育方式
安全型依恋	容易与他人相处并信赖对方，与他人很好地相互理解并交流自己的情感 乐于接纳伴侣对自己的依赖，乐于从伴侣那里寻求依赖 相信自己也相信对方 即使遭到对方的拒绝，自己也可以用恰当的方式表达或掩饰自己的爱意	温暖、充满信任、安全	及时满足孩子的需要 寻求孩子的独立和依赖中的平衡点 孩子会以父母作为安全后盾，积极地进行探索活动

（续表）

类型	表现	成长家庭环境	成为父母后可能的养育方式
回避型依恋	情感淡漠 怀疑那些向自己表达爱意的人，害怕自己离别人太近会受到伤害，因此畏惧付出情感 不愿意表达自己的情感，害怕受到拒绝 恋爱时故作镇定，羞于展示自己的感情 情感的表达能力匮乏，也不能辨认对方话语中的感情色彩 最终产生了一种自我依赖，把自我从他人身上移开以避免亲密关系	不愿意表现喜爱和亲昵 漠不关心 迟钝木讷	将孩子的依恋行为"最小化" 容易忽略和拒绝孩子对于寻求亲近的需要 常把自己的孩子描述为坚强、聪明、独立、听话等的形象，并且认为自己与孩子之间的关系非常亲密 表现得坚定沉着，在孩子伤心需要安慰时不仅不给予安抚，还会给孩子制定严格的规定，并进行监督 自己的孩子不轻易表露情绪，有很强的自制能力，有时显得过度自信，对父母也特别客气，父母离开时他们则漠不关心
焦虑矛盾型依恋	在心灵深处，他总是担心伴侣并不那么看重他 自己一旦遭到拒绝，就不能理智地看待自我，会产生强烈的自我否定情绪 一旦获得爱情，自己又期望能够和伴侣牢牢地绑在一起，这种强烈的占有欲有时会把人吓跑 通过满足别人的需要来换取他人的接纳 容易被人欺负	害怕失去或被遗弃 情感状态不稳定和不规律 有时表现出强烈的亲近 有时做出强烈的回避行为	过度地采取了依恋行为（控制性较强），父母实际上总是在"鼓励"孩子产生依赖性 有时过度干涉孩子的行为，忽略了孩子真正需要注意的地方 容易误解孩子的情绪，导致无法减轻孩子的消极情绪 自己的孩子没有同龄人成熟，甚至较之更脆弱，总是黏在父母的身边。这些孩子往往还会有退缩行为，不会像其他孩子那样去进行有目的的、积极的探索。（表现出分离的焦虑）

小林的母亲脾气火爆，情绪不稳定，一会儿极冷淡，一会儿极不耐烦，一会儿又对小林疼爱有加。这样的反复无常，使小林也在爱与不爱之间矛盾，她在恋爱关系中必然会不断寻找小时候从未得到的安全感，不断地要求对方做出对爱的许诺和保证，并且总是试图用生气、吵闹和威胁等手段来迫使对方关心自己，满足她对安全感的要求。如果对方稍有疏忽或冷淡，便可能重新唤起她在童年时的不安体验。可见，她将早期对母亲的又爱又恨的情感转移到恋爱对象的身上了。

你爱什么人，你的爱情故事怎样发展，早已深深地植根于你的童年经历中。婚姻关系与亲子关系其实是息息相关、丝丝入扣的，从心理学的角度来看，如果你过去受了伤，就会极力想从当下爱的关系中得到加倍弥补，这样，你的恋爱婚姻中便有可能出现伤上加伤的危险时刻。

人们总想从后续的生活中为其童年经历的痛苦进行修复，这样就会让自己重新回到儿时生活的状态，比如说，一个有着酗酒父亲的女儿最后居然也找了一个酒鬼，因为她想在这种类似的生活情境中得到补偿。这也就像我前面提过的，这就是为什么我们要和过去的原生家庭做告别的原因之一。

小林曾经有一个差点儿就走向婚姻的男友，他们两人在心理需求上极其相似，男友在一个父母一直吵着要离婚的家庭里长大，也严重缺乏安全感。他们都属于矛盾依恋型。小林和男友经常吵架，他们对对方的要求不断升级，极力寻求对方的注意，而且两人彼此都深深依赖。

这两种类型的人在一起分手的可能性较小，即使分手也是藕断丝连，要花较长时间。

小林还遇见过回避型依恋的男友（具体解释见表1-1），你能想象这样一个男人和小林在一起的场景吗？

一个不懂浪漫、表情木讷、不轻易表达感情的男人，和一个内心极度需要他人的肯定才能够获得一点儿自信的女人。

一个不愿意对他人表达赞赏、态度淡漠，对自身的悦纳程度不高的男人，和一个不知道怎么珍惜自己，唯有用唠叨或耍小性子来获取注意的女人。

这个女人的内心虽然需要他人的赞赏和爱，但是她永远得不到男人肯定的眼神和话语。男人无法理解这个女人"烦人"的背后其实是希望得到他的关爱。女人越是想要缠着这个男人，越是体验到被拒绝。

一个人不断地索求爱和关注，一个人严重缺乏表达爱的能力，最终导致他们分手。

以上这对回避型和矛盾焦虑型的恋人最后还是会分手。

如果两人都是这种淡漠的回避型个体，那么他们相结合可能不会像前两种组合类型的人那样经常吵架，但回避型的两人生活将会很平淡，缺少感情交流，互相不了解对方的心理需要，即使他们内心都很渴望爱情，也很难表达出来。

现在我们了解了两种不安全的情感依恋模式：回避型和矛盾焦虑型，还有一种健康的情感依恋模式就是安全型依恋类型。

"自信"和"信他"

建立亲密关系的关键词是"信任感",即你是否相信自己有吸引力,会被他人喜欢或被爱?反过来,你是否也能真正喜欢上别人或爱上别人?这需要一种"爱的能力"。

你能想象一个在婴儿期得不到父母对他深情投入的人,长大后会相信周围的人爱他吗?

一个不被父母爱的孩子会觉得自己不仅得不到父母的爱,而且他不会得到任何人的爱。相反,一个得到父母之爱的孩子长大后不仅相信父母深爱他,而且相信别人也觉得他可爱。

只有孩子在童年期与父母的依恋之情逐渐加深,并形成对自身的安全感,才能进而形成对周围世界的信任感和安全感,为自己未来的个性发展打好基础。

儿童期的孩子是以自我为中心的,认为什么事情都和自己有关。因此,这个时期受到伤害的人,如前面个案中的小林,她的潜意识认为母亲之所以对自己反复无常,就是因为自己不够好,她不相信自己有被爱的价值,她需要反复地求证,却永远得不出内心的答案。

> 他不爱我,不是因为我不够好、没有价值,或者根本不值得被爱;而是因为他害怕爱、不懂爱、不会爱、不能爱。爱情或亲情皆然也。

用精神分析的心理疗法来处理与不安全依恋相关的问题时,治疗的重点就是找到来访者早期与父母之间的关系模式,把这种关系模式转移到治疗师与患者之间，从而创造一个理解和修通病人早年重要生活经历的机会。

例如，一个从小被父母过于严格要求甚至体罚的患者，有时也会故意激怒治疗师，想让其发怒。患者可能说："瞧，你和我的父母一样，你也想打我吧。来打吧！"在此情况下，患者就是在对治疗师重复他与父母之间的互动模式。

想对早期的不安全依恋进行修复，治疗师就要扮演一个好的"养育者"的形象，提供给患者足够的关注和爱，让他能够依赖治疗师，从而体验到安全的依恋关系，重新构建一种更为健康有效的依恋模式，并将这种模式重新应用到自己的生活当中。

来看看你是什么类型依恋的人，以及你成为父母后可能的养育方式。你无须对号入座，了解自己的倾向即可。

健康依恋需要情感基础上的理性力量

初生的婴儿，皮肤无比娇嫩，粉扑扑的身体、肉嘟嘟的脸蛋、亮闪闪的眼睛，向你展露出这世界上最纯净可爱的笑容。

对着这样一个嗷嗷待哺的、健康天真的宝宝，谁又不会油然而生出喜爱和亲近之情呢？但是那可爱的宝宝背后还有另一面：

> 宝宝不明缘由地、没完没了地哭闹，导致你已经很长时间没能睡个好觉；

宝宝身体不好，让你在半夜或者凌晨来回奔波于家和医院；

在妈妈身体状态不好，爸爸工作繁忙的情况下，他们对宝宝还能有多少长时间的耐心呢？

当你心力交瘁，同时还要处理婆媳关系、夫妻关系时，还能对宝宝全心地投入多少精力呢？

显然，人不是神，很多研究资料都表明，抑郁的母亲和对婚姻不满的父亲，在宝宝发出信号时会做出更为迟钝和微弱的反应。

如果把父爱母爱想当然地看作轻而易举的事，那么对于尽心呵护宝宝的父亲母亲是不公平的。看看下面的表1-2的A妈妈和B妈妈，她们照顾宝宝时有怎样的不同？

表1-2　A妈妈与B妈妈

	A妈妈	B妈妈
换尿布	面带笑容，对宝宝说一些亲切的话，和宝宝身体接触时非常快乐	机械式地工作，全程面无表情，为完成而完成
洗澡	唱着儿歌，偶尔细语，动作温柔，时不时和宝宝眼神接触	目光涣散，没精打采，动作粗鲁，一不小心把水弄进宝宝眼睛里
抱宝宝	脸靠着宝宝身体，摩挲其头和背，轻声细语，与宝宝身体紧紧接触，偶尔还逗弄宝宝一下，让他咯咯乐	心不在焉，心事重重，注意力不在宝宝身上，默不作声
宝宝哭闹时	明白宝宝的饥饿程度、疲倦程度和温度感受，并及时处理 轻摇轻拍宝宝，表情放松，耐心地低语或哼唱来安慰孩子，让他安静下来	不了解宝宝的需求，自己又心情烦躁、手足无措，脸部肌肉紧张，大声呵斥孩子或者干脆置之不理

宝宝和父母就像在跳双人舞。在日常生活的不断实践中,双亲只有具备足够的敏感度去感受宝宝的需要,才能逐渐成为协调性更好的"舞伴"。之后双方都会对这种关系感到越来越满意,最终彼此产生了强烈依恋。

表 1-3 是心理学家研究得出的影响依恋关系形成的六个因素。

表 1-3 影响依恋关系形成的六个因素

特征	描述
敏感	对婴儿发出的信号能正确迅速地做出反应
态度积极	对婴儿表现出积极的关爱
同步性	与婴儿建立默契、互动的交往
共同性	在交往中婴儿和母亲有同样的关注点
支持	对婴儿的活动给予密切注意和积极支持
刺激	常常引导婴儿的行为

总言之,我们相信大自然已经为了人类得以存续,而对其情感的产生通过注入本能的力量加以催化,以便人类完成抚育任务。但人类同样关注依恋的质量。想要彼此产生高质量的依恋,还需在情感之上加以理性的力量!这种力量的形成建立在不断学习和自我调整的基础上,建立在父母和子女之间的一种心灵的默契之上。

幸运的是,全世界处于安全型依恋的婴儿比其他类型的婴儿更多。

哪些人最不可能成为合格的父母呢?

- 小时候被忽视、被虐待、不曾感受到爱的人
- 不想生孩子的父母
- 人格有缺陷或精神有障碍的人，如抑郁症患者等

在婴儿面前，我能掩饰自己的不愉快吗？

D，女，通过接受催眠回到9个月大的婴儿时期，她能回忆出当时家里的气氛，并且能说出妈妈抱着她伤心地哭泣之类的具体场景。这听起来更像是一个由自己投射出来的影像，但她能说出妈妈穿着什么颜色、什么样式的衣服，和爸爸在外屋喝酒之类的具体细节。这些细节和事后她妈妈提供的事实回忆居然是一致的。

个人观点

在心理学界，有些正统人士排斥催眠这种听起来有点玄乎的技术，把它当作巫术，我个人认为大可不必，中国古人就提出了"巫医同源"。甚至中医里有祝由科，所谓祝由之法，即通过使用包括中草药在内的材料，借符咒禁禳来治疗疾病的一种方法。

催眠在临床上的确有效，而且这种方法可以向人展示另一种对世界和人生的感受，这个世界尚有很多神秘和未知，如果人类已经发现通往这些未知事物的屋子里多了一扇窗口，我们为什么要关掉它呢？

无论怎样，我们要学会尊重面前的一切事物，不必把心理学或一些学科固执地放入某个所谓的科学框架里，凡事都去找一个貌似合乎理性的科学解释。

有一些崇拜西方医学的人士，如某位曾获国际知名大奖的科学家对《周易》和中医持否定态度，认为它们是没有前途的理论。"隔行如隔山"，不知

> 这位科学家对中医真正了解多少，有多少发言权，他在自己熟悉的领域所拥有的权威性和话语权是否也可延伸到所有领域？也许他是年事已高，因为人随着年岁日增，大脑不断地老化和衰退，接受外界事物的能力越来越低，理性思考在走下坡路，遂发表这种感情用事的言论。
>
> 从学科发展的现状来看，西方科学体系带来的认识论也受到了越来越多的挑战。很多事物的价值永远不可能在显微镜下得到衡量，在实验室里发现的真理，不管这个显微镜的放大倍数有多大，它们的重要意义远超过了科学实验室所能检测到的。
>
> 爱迪生说："我们对百分之九十九的事物的了解，还不到其百分之一。"
>
> 宇宙有太多的神秘和未知，我们的知识如此有限，人类的力量如此渺小，为什么很多人要装作无所不知无所不晓，轻易地去否定很多事物呢？那样的做法才叫"迷信"，是一种意识形态对另一种异己意识形态的无理排斥。
>
> 想象一下，有个弱小的孩子不知道自己从哪儿来，再去哪儿，现在到底处于什么情况。四周一片漆黑，对于他是不是很可怕？如果创造一个"万事通晓"的假象，是不是可以让自己安心点？对这个世界，对自己的人生是不是觉得有所把控了？再或如，当他觉得自己拥有了坚定不移的科学精神，他是否更能感受到自己的价值？
>
> 对于科学研究来说，没有一个理论的理解分析是完全正确的！
>
> 就像没有一个人能聪明到永远不犯错误。
>
> 这样去理解事物的目的不是意图陷入"不可知论"，而是"知无限"，不忙于固执地去否定万事万物。
>
> 此所谓，道可道，非常道。

这听起来有点玄乎，无论你是否相信，至少它的确具有一定的说服力。（参见"个人观点"）

我们无法通过科学实验证明宝宝能够理解成人的喜怒哀乐，但处于某种压抑氛围下的宝宝，确实会有不安的感觉，比如某种被破坏的气氛，会引起他的不适。人们通过催眠可以察觉一些往事的痕迹。某些人在被催眠之后提供的信息甚至详细到让人惊讶，就像上面的D。

国外曾经有过一则报道，讲到某人只要一去浴室洗澡，或进入到闷热的环境就呼吸紧张急促，感觉快要断气似的。他也做过很多检查，然而没查出器质性的问题。医生通过对其催眠发现，他在胎儿阶段7个月大时在妈妈肚子里居然有过同样的感受！后来他妈妈表示，自己曾经在那个时候心情糟糕，不想要这个宝宝，明知在那时候用太热的水洗澡可能造成宝宝窒息，仍故意为之。

无论如何，父母都不应过于迷信自己的掩饰能力而是要让自己生活努力些，发自内心地笑出来。有的父母觉得尽管自己不高兴，但在宝宝面前情绪控制得很好。然而婴儿真的就无法识别他们的心情吗？

微笑是一种双向的信号。婴儿向母亲微笑时，母亲也报之以相同的信号。双方都给对方微笑作为回应，母子的纽带在来往的双向交流中紧密起来。你可能觉得，这是不言而喻的，实际上事情并不是我们想象的那么简单。

有些母亲在激动、焦急、发火时，企图掩饰自己的情绪，对婴儿做出一副笑脸。她们以为这样就不会影响婴儿的情绪。实际上，这样做有害无益。

我们在出生后的最初几年里对双亲的情绪变化最为敏感，只要他们情绪稍有变化，我们就会做出反应。特别是在我们学会说话之前，即我们还未受到语言和文化习俗的影响之时，我们对他们的表情、姿势和声音方面的细微变化都要比后来敏感得多。

> 例如，有一匹叫"聪明的汉斯"的马，它不仅会数数，而且能对训练员的举动做出正确反应。事实上它的"聪明"就建立在敏锐的反应力的基础上，它能对训练人细微的体态变化做出反应。要它算数时，比如放5样东西让它数，它能用蹄子跺完5下后停住。这和训练员的暗示无关，如果换个陌生人让它数时，它同样能算出来。因为在它用蹄子敲到至关重要的那个数字时，会察觉到在场陌生人的身子不由自主地流露出的一点儿紧张迹象。我们大家都有这种能力，即使进入成年之后也保存着这种能力（算命先生就是借用了这种能力来提高自己的正确率）。
>
> 而婴儿在学会说话之前，这方面的能力比成年人要强。所以，情绪焦躁的母亲不管怎样掩饰，实质上是骗不了婴儿的。如果她们掩饰真实的情绪，同时又伪装出一种虚假的情绪，婴儿会被两种相互抵触的情绪信号搞得头脑混乱。如果婴儿经常大量接触到这样的信号，就可能受到永久性的伤害，在日后的社会交往和社会适应上遇到困难。
>
> ——摘自莫利斯的《裸猿》

父母对孩子成长早期的影响

血缘关系不等于血肉之亲，在孩子成长早期父母勿远离

曾经有这样一个家庭个案，父亲对他儿子就是没有感情，他知道这样不妥，可是没办法。他儿子在断奶后就被送到叔叔家长大，上小学二年级时才回到他身边，错过了父子感情培养的关键时期。当这位

父亲说起一直在身边长大的女儿，则很是眉飞色舞，充满父爱。

男孩的母亲很溺爱他，但是或许内疚之情胜于母爱，于是她总是努力在物质方面尽量满足孩子。这个孩子极度没有安全感，存在自卑、内向敏感、社交障碍等问题，天天沉溺在网络游戏的世界。而且，他的眼神总是带着一种忧郁之感，令人疼惜。

感情这事还真的不能勉强，即使孩子和父亲有血缘关系，可是他们没有内在联结之情。这个男孩带着这些心理问题去和双亲相处，他们之间的爱修通还有一段长路要走，让人感到遗憾。

说起感情培养，我们通常认为它只存在于朋友或夫妻之间，有血缘关系的人也需要培养感情吗？

是的，"依恋"这种情感关系不是单方面的，而是一种双向关系，即双亲一般也会对婴儿产生依恋，所以才有了前面提出的说法，叫"双人舞"。

所以，孩子出生时还是应该由母亲亲自抚养，孩子12岁前父母亲不要轻易远离。工作太累可以让老人和自己生活在一起，或者请保姆等，都是可考虑的做法。这样每天下班父母还是可以和孩子在一起，孩子有盼头，会期待晚上与父母的见面。

而且，家庭教育的最佳时期是在孩子12岁之前，即依恋期。当孩子进入青春期后，其独立意识与逆反心态决定了这一时期已经不是家庭教育的优势时期。

在最重要的依恋期中，0~6岁又最为关键。可是，现在很多家长不太重视孩子依恋情感的发展。很多繁忙的父母在孩子出生后，就把他送回老家，由老人抚养。一年到头，父母和孩子也见不了几次面。等到孩子上学再接回来时，孩子和父母亲可能会有终身的隔阂，而且等孩子到了青春期时更难管教。

孩子能够理解大人们有自己的事情要去做，但他们不能够理解的是：明明是自己的父母，却长期不愿和自己一起吃饭、一起玩、一起住。他们不知道父母何时会出现，何时又会像一阵风似的匆匆离去。

实际上这已经是某种形式上的遗弃。孩子到了6个月大，就会意识到自己与父母彼此分离，这使他们感觉无助。4岁以下的孩子，常可能出现害怕被父母遗弃的焦虑——这么大的孩子依靠父母才能获得生存，遭到遗弃就无异于死亡，所以他们害怕任何形式的遗弃。

"案例呈现"中的沙盘投射所表达的就是一种孩子被遗弃的感受。未能陪伴孩子成长的父母不要奢望当有一天孩子回到身边后再去做什么可以弥补伤害，越怀着内疚心去处理关系问题越大，这已经不是正常健康的情感交流了。

如果在早年没有良好的依恋关系，父母又缺乏正确的性格培养，这些孩子到了青春期就可能会出现逃学、撒谎、沾染网瘾、顶撞父母、离家出走等问题。

这已经是在临床上屡见不鲜的事实。统计数据显示，70%以上的网瘾患者在1~3岁时不和父母一方在一起生活，这就是早期依恋关系不安全所投下的阴影。

案例呈现

沙盘治疗：

F，男，16岁，网络成瘾，辍学

F在沙滩上刻意掏了一个洞，把一只海龟背对着洞放着。他告诉我海龟刚孵过蛋就走了，这是龟的特性。在此处他使用海龟，实际上是把海龟和他自己幼年时被抛弃的体验联系起来了。在关于海龟生命周期的知识中我们可以了解到，小海龟从未见到过妈妈，母海龟在孩子出生之前就抛弃了它们，它们也从未见过父亲。它们在孵化时没有父母的照顾，没有人教也没有人保护。

父母出外工作，会影响早期情感吗？

经常有母亲问我，孩子年幼时，妈妈是否应该出去工作。她们似乎总被内疚感困扰着。

这个问题没有标准答案，只有适合你的答案。

那些愿意待在家中的母亲，她们愿意且有能力那么做，而那样的确会养育出正常快乐的孩子。她们也充分享受与孩子互动的每一刻，她们不会舍得漏掉宝宝任何一个可爱动人的表情。

一个行事努力的妈妈，同样会把养育当成工作，一丝不苟来对待，就像我开始强调的那样：为人父母是种职业选择，妈妈在家里"上班"绝不轻松。所以前文说的"有能力那么做"的妈妈，是指她会努力学习更多育儿知识，认真研究并做出对宝宝有益的事情。如根据宝宝的通便、胃口、睡眠等身体状态，甚至气候季节等情况，来调整他的饮食和生活作息等。

但如果妈妈讨厌那样做，她的痛苦则不会单独来自疲劳，更多的是因为与外界的隔绝。她除了与婴儿接触外，还很想与其他人保持更多联系。这种情形只会使年轻的妈妈非常不愿意待在家里，让她感觉不快乐，甚至沮丧。如果这样还会对宝宝有利吗？

心理学家普遍认为，在孩子最初成长的几年里，母亲的陪伴对于孩子的健康成长是必需的。但也没有决定性的证据表明，母亲在外工作会带来什么问题。只要不出现上文所说的那种情况，变成甩手掌柜，在孩子面前长期消失不见，应该不会出现严重问题。

所以这个问题没有标准答案，每对父母视自己的情况而定。重要的不是"外出工作"这件事本身，而是你抱着什么样的心情来做决定和投入养育。

所谓"物随心转,境由心造,烦恼皆心生",好事变坏事、坏事变好事的玄妙之处亦在于此。

依恋关系决定了成长的一切吗?

我个人目前还没发现有什么神奇力量能大到足以影响一切,我们自己千万不要去画地为牢。事物从来都有两面性,有阴有阳,交互作用,就像你喜欢一个能干的人,但他可能脾气很臭;你希望自己的孩子乖乖听话,但他可能同时缺乏开拓性和独立性。

早期的安全依恋不能确保在未来生活中有良好的适应;非安全依恋也不意味着生活质量注定很差。

处于不安全依恋关系的人往往会害怕自己在亲密关系中受伤害,但并不是说这样的人注定会一辈子都在害怕中度过,生活注定不容易幸福,虽然他们有时可能会感到生活不如意,但他们不会和幸福绝缘,除非严重到一定程度。

在各个领域都有很多心理有障碍甚至病态的成功人士。就像很多艺术家,没有一些缺陷甚至很难培养独特的艺术表现力。如毕加索画笔下的诸多歪斜的女性,来源于他扭曲的人格,有时为了达到绘画效果,他甚至要把老婆暴打一场,看着对方痛苦不堪的模样开始作画,这样的作品符合了特殊年代下人性所需的一种"堕落美"。

另外,一个家庭中所有孩子的依恋情况不尽相同,因为双亲对孩子的喜好程度有差异,当时所处的家庭情况、父母的工作压力和身体的健康程度也有差异。而依恋在成长过程中也时有变化，如当妈妈再婚、家人重病或出现经济困难等家庭变故发生时。

安全型的依恋不是无原则的一味温柔

在孩子0~18个月的依恋期这一阶段，主要任务是更多地满足孩子对依恋的需要。婴儿需要安慰与爱抚时，母亲应该立刻给予满足，同时，母亲对婴儿发出的信号——比如表情——较为敏感积极，而不是迟钝消极。

有些母亲在这一阶段做得较好，但是在接下来的阶段往往会遇到问题，因为下一阶段和前一阶段是有些不同的，母亲不仅要乐意与孩子进行亲密接触，而且要鼓励孩子进行探索。此时母亲可能会过分呵护孩子，过多地限制孩子的行动，生怕孩子出现意外。

她们总是在冲着孩子嚷嚷："回来，那儿不能去"，"回来，在那儿会摔倒的"。这样，她就关闭了孩子通往外面精彩世界之门。

同时她们还可能妨碍孩子独立性的形成。比如，母亲把孩子交给保姆时不断地说再见，以致本来很平静的孩子被搞得焦虑起来。过度强调与孩子亲近的父母，也在不知不觉中阻碍和剥夺了孩子独立玩耍的机会。

她们这样做，可能是出于爱护孩子的本能，但更可能是出于自己对遭受被孩子遗弃的恐惧和自己对孩子的依恋，她们不能忍受与孩子的片刻分离。这种情况多出现在矛盾焦虑型依恋的母亲身上。

这样的母亲好像在自己和孩子之间织了一张细密精致的网，把自己过度地卷入孩子的世界中，鼓励着孩子对她们全心依赖，逐渐让孩子患上心理幼稚症。

在治疗工作中，出现了当前一个比较突出的现象——"青春期无限延长"。有一桩个案，一个男士由爸妈和老婆带着来接受治疗，他的年纪都32岁了，也已结婚生子，但他却长期沉溺网络，既不干工作，也不抚养子女。他带着文艺青年的腔调愤愤地告诉我："我发现自己受骗了，生活根本不是他们说的那样！"我笑着问他："你打算原谅这群可恶的骗子吗？"

"青春期无限延长"现象的根本原因是心理幼稚症，表现为心理行为的儿童化，该疾病的出现原因是孩子在过度保护下长大而严重地以自我为中心，高度地在生活中依赖父母，没有培养出独立生活的能力。虽然他时刻准备着迈步走向社会，可是只要听见外界有一点儿风声雨声，甚至不用说雷雨交加般恶劣，他就躲回家了。屋外正骤雨狂风，他手里却没有一把遮风挡雨的伞，如何出去得了？

他内心自卑，过度依赖，害怕长大，谁让人家从小就处于"风平浪静"的舒适生活假象中呢？这么多年的假象，怎么能够说破就破？

家境好点儿的孩子则容易好高骛远。差点儿的工作不想做，好工作攀不上，就这么拖着。有时他们上了班也不认真，挣点钱还不够自己买名牌，月末还得管家里要钱。每天不能缺勤不能睡懒觉，早出晚归才挣点零花钱，实在是没有动力做下去。就这样一个月接着一个月地工作，想着什么时候才能混出个头呢？这也能解答为什么有些网络游戏那么迷人。

众所周知,在传统的武侠小说中,即使主角千辛万苦夺得秘籍,要想获得更高的功力也得冬练三九夏练三伏,方能修成正果。而很多网络小说和游戏中都有捷径,有时只需获得魔法或宝器就可瞬间变成高手,这难道不是完全迎合了部分青少年眼高手低,却认为成功唾手可得,不屑面对自己脆弱人生的心声吗?对他们而言网络游戏比现实生活还要激动人心。

这样的想法虽在童年时光显得充满想象力,比如日本动漫中的机器猫可以满足人们的很多愿望,人们还会为这等美事而憧憬。可到了青少年时期,不切实际地梦想成功果实唾手可得,则是心理幼稚的表现。(参见"案例呈现")

除却对孩子的过度保护型和溺爱型,就是封闭型,这种模型只重视智力投资和知识教育,忽视社会化学习和社会化教育。正如一些父母常言:"只要你能读书,我砸锅卖铁都行。""你学习成绩好就行,别的都不用你管!"

无论怎样,孩子的人生路最终还得让他自己走,他不对自己负责,又有谁能对他负责呢?

案例呈现

绘画治疗：

E，男，辍学，网络成瘾

苹果树硕果累累，结实健壮的他（现实中E因为生活不规律，身体瘦弱）不用辛苦地爬梯子，苹果一摘就下来了，就好似自动长在他的手上。他用这样超级简单的方式，篮子里已经收获了好多果实。

第二章
爱要怎么说出口

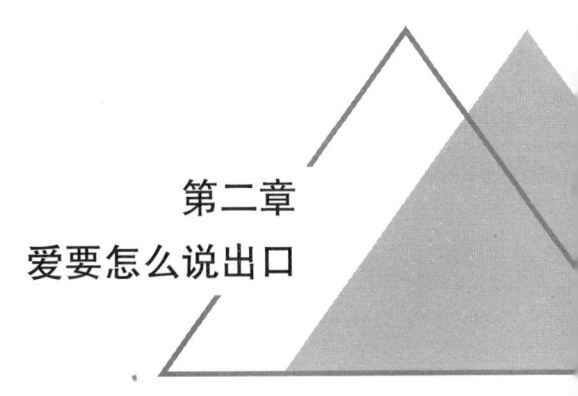

▶ 言行的中庸之道：避免极端、讲究弹性。在管理孩子的行为时，要做到适当而不是一味地限制或者放任。

▶ 不随意评价孩子。"愚蠢、懒惰、自私"和"完美、最棒""你是个天才"这些字眼都是无价值的。

▶ 对孩子说"不"的"三步骤"：限制、理解、变通。

▶ 大部分人都有修养，懂得适当控制情绪，只是别只把这种修养用于为人处世，却不用于自己的孩子身上。

▶ 适度对孩子表达不满但不责骂。心里有火很正常，把火发出来也不是问题，但怎么发出来则是需要考虑的问题。

▶ 有幽默感的人能够享受人际矛盾，享受把矛盾的尖锐变得云淡风轻的美妙过程。

▶ 关注理性的力量，虽然只靠理性不能解决我们所有的问题，但缺乏理性必定会导致我们的悲哀。

▶ 尊重孩子，即使对学步儿也抱有一份真诚，就像尊重年幼的自己、尊重天地中最具灵性的生灵、尊重大自然中最神奇的生命现象一样。

中国人性格的本质是含蓄的，不善言爱，不过现在越来越多人在公共场合、在电视媒体上积极表达情感，社会上出现了更多的相互拥抱和"我爱你"这样爱的誓言。

"我爱你"这三个字，说与不说不是关键，关键是怎么把这份美妙的情感传递给对方，让双方知道你的真情实意。

心中爱意深浓，可对方如何从你的言语行动中获得感动呢？你说爱我，可我为什么很难感到甜蜜呢？

这就是我为什么要特立此章大谈特谈"语言"的原因。因为人与人情感的建立，尤其是亲子关系的构建，许多要落实到语言来沟通和交流。语言既可以用来治疗疾病，也可以用来伤害他人。

高尔基说："语言不是蜜，但可以粘住一切。"

孔子说："君子欲讷于言而敏于行。"我们说话时应该谨慎，以免无意中伤到别人。这样的态度不仅应对朋友同事，也包括对自己至爱的孩子。

教育子女，宜在幼时，一枝嫩竹很容易弯曲成形，但是竹节长粗后，就很难再改。所以父母越早开始注意自己的言行，对孩子的影响就会越深刻越有效。

以下谈及的方面也许不能把言语相关的问题囊括其中，但撷取的应该是几个有指导意义的角度。首先我们将从整体方向对"出言"有个把握，然后谈谈具体情境下的具体应对。

本书所说的任何一种方式或技巧都不是要你每天做，长期做到还是很难的，也不是一定要你做得很完美，那也几乎不可能，但你必须有这种意识——知道怎么做对孩子的身心健康有好处，该做的时候就要做。

不做唠叨的父母

很多人看过红极一时的港片《大话西游》，其实这部电影和传统的西游记小说没什么关系，只是用了个大家熟悉的外壳，片中的唐僧叽叽歪歪、废话连章，给人印象深刻，最后大家把那些唠唠叨叨、没完没了的人叫"唐僧"，让人忍无可忍地想如影片中的孙悟空那样抡起棍子打下去……这样世界就能够清净了！

网络上也有过"唐僧式"爸妈口头禅的热评，比如以下这些：

"你快点咯，磨磨蹭蹭的，又要迟到了。"

"听老师的话！"

"别人都会，你为什么不会？"

"你看别人家孩子……"

"我这是为你好！"

"你每天对着电脑都在干什么？"

"你也老大不小了，怎么还这么不懂事？"……

设身处地地想想，开会，你的领导在台上废话连章时，有几个人在仔细听，其中有的厌烦、有的无奈、有的冷笑、有的麻木，甚至有的逃避……不想听的人有以上什么样的心态，那么孩子就有可能是什么样的心态。

前几日看见一条新闻：某美术学院举办毕业生作品展，开幕式上，校领导在台上讲话，突然来了一群学生，脱掉上衣躺在地上，学生以半裸抗议领导讲话太长、形式主义和无聊。

父母的唠叨当然不能和领导的讲话相提并论，絮絮叨叨中虽有烦躁却也有温情。但我们在和孩子沟通时，先仔细想想，我们说的话是否啰唆重复？说话的目的是什么，是不是达到了？能让孩子认同自己所说然后照做吗？能让孩子做事更有责任心和独立性吗？有家长表示：

"我发现有时唠叨似乎比不唠叨要强，比如说，我不停地告诉孩子把屋子收拾一下，他最终还是会去做；但如果我不说，他肯定不做。"

其实有时孩子虽然勉强完成了任务，但他只是想逃避你无休止的唠叨，躲开你严厉的目光。他们不是变得更有责任心了，而是以最快的方式堵上你的嘴，是表达"别管我"！

这样去执行父母交给的任务，表现的是一种消极的态度。接下来的日子里，他可能不会再去收拾房间，直到某天他想再次逃避你的关注。

而我们的目的显然不是想让房间看起来干干净净，而是想让孩子有自己的事情自己做的责任感和自我管理生活的能力。

既然我们不想由着性子碎碎念，发泄情绪，满足说话欲望，也不是想浪费那些不能传达到位的关爱，那就去尝试换种说话方式吧。

"穷言尽述不如守中"，把话说尽了不如把中守住，守中方能得道。

> 沉默并不是智慧的标志，但唠叨永远是一项蠢行。
> ——富兰克林

言行之中庸之道

曾经，有一样东西旋转在我们无忧的少小时光，那就是我们都玩过的玩具——陀螺，当我们鞭起鞭落，看见它一圈又一圈慢慢漾开、在旋转中保持优美的平衡时，便满心欢喜。

岁月会改变很多，却不会令我们遗忘童年的欢乐欣喜。

它能够让年幼的我们发自内心地笑，不仅是游戏带来的快乐，还有游戏带来的美的体验，因为我们感受到了陀螺优美而又生动的内在平衡之美，和谐而又灵动。

这种不偏不倚的平衡，同样可联系到教育子女之中：要想陀螺快乐地旋转，就要求抽打的人掌握要诀并找到一个平衡点；要想使教养散发平衡之美，通过中庸之道，方能实现。（参见"个人观点"）

个人观点

中国传统思想的儒家文化之精髓——中庸之道，在不同人的观点中，有着不同的表达。

时至今日，还有批判者认为此道讲为人处世如鱼入水般的圆滑，四平八稳得叫人抓不着把柄，是明哲保身之道；

也有人理解它是一种等级观念，谈君本位臣本位，各安本位尽愚忠愚孝，是腐朽落后的安家立国之道；

或有人觉得它教人墨守陈规，不越雷池一步，是阻碍突破和创新之举，徒让人庸碌无为；

有人甚至觉得这完全是不知其所终的大道理，说了白说，不偏不倚何从把握？"刚刚好"的标准答案无从认定。

孔子是从《易经》中，学会了遵循"道"，从中洞察到了支配宇宙、地球、国家、家庭、个人的自然法则。孔子理解这些基本的法则，并把它们运用到日常生活中。

排除太高的角度，不从国家政治或者民族社会等层面去考究中庸；再排除极端的角度，可以不把它上升到道德情操，也不贬低为保身伎俩。

只从个人的角度来说，我认为中庸是古人送给我们的一份绝好的礼物，是一种哲学精神，是可指导现实生活的方法论。

说高雅点：它帮你人生当中多一种讲究"度"的智慧，反对"过"与"不及"，不要太过也不要太弱，要在过与不及两端之间寻求一个平衡点，不要偏激，做到适度、适当；

说庸俗点：中庸是学会自己和自己抬杠，和自己唱点对台戏，因为生活本就充满悖论。

过度追求物质的时候，来点精神；

过度希望精神的时候，来点务实；

过度强调向前的时候，来点怀古；

过度主张聒噪的时候，来点静思；

过度渴望浪漫的时候，来点现实；

过度沉默寡言的时候，来点热闹；

过度把孩子抓在自己手心里，来点轻松。

无独有偶，亚里士多德也认为，今生要获得幸福，需避免生命中的极端，因为极端的想法常常导致不幸福。不幸福就是冒险地走向任意一种极端的产物。

要使生活井然有序，我们首先要培养我们个人生活的度，必须把我们的关注放在适当的位置上。

中庸之避免极端

中庸之道旨在避免极端，在"过"和"不及"之间找到一个合理的方式来处理问题。（参见"个人观点"）即无论做人做事，都不能走极端或过分偏激，要把握好一个"度"。

举例来说，当孩子犯错误时，不能采取太严厉的做法。批评的话语难听，孩子自尊心受不了，如果惩罚太重，他以后可能会因怕被罚而隐瞒错误。这样的严厉词语可能会招致孩子的愤怒和怨恨，从而偏离父母说些话时的初衷。（假如孩子经常隐瞒错误，后果会越来越严重。）

也不宜采取太放任的做法，当作什么都没有发生。甚至当孩子犯错时包庇护佑，把责任推向别人，生怕孩子受一点委屈，这样会导致他不知道自己犯的错误，丧失是非观念，认为出了问题都是别人的错。

因此，父母在指导孩子的行为时，要做到适当而不是一味地厉责或者放任。

众所周知，当我们说孩子"愚蠢、懒惰、自私"时，这些否定性的话语会对孩子造成伤害，这是显而易见的。父母应当注意的是：其实一些积极的话语，如"好、完美、最好""你是个天才"等也可能是毫无价值的。

我们不应随便评价孩子，不应用极端空洞的形容词来肤浅地形容和概括他们，不应给他们随意定性。

大到历史伟人如秦始皇，都道不明其正邪与功过，小到我们身边的普通成年人，也很难一言以蔽之。即使用标准的社会规范评判起来恶不可恕的"坏"人，其内心也有柔软的一处，更何况有着更多可能性和未知数的未成年孩子呢。

所以我们不能随意评价孩子，特别是不能用极端言语形容他们，如此行事轻率的大人看起来反倒比小朋友们更加任性。

我们能做的就是运用理性的力量。虽然只靠理性不能完全回避痛苦的问题，也不能解决我们所有的困境，但是，缺乏理性必定会导致我们的悲哀。

就比如一个好喝酒的人，要用接近中庸之道的方法，既缓解酒瘾又不为过。一种方法是将他喝的酒量化出平均数。比如他在工作日控制饮酒量，而在周末出去畅饮一番。尽管节制和放纵交替出现，然而从整体来看饮酒平均数却合乎理性。他同样可以选择每天喝适度的酒，比如在就餐时小酌一杯。

这样就能避免真正的极端：酒精中毒、过度节制。过度节制还会造成报复性反弹，无论如何我们首先要承认和接受自己的某些欲望。

生活就好比弹琴，琴弦张得太紧或太松，都无法弹奏出美妙的音乐。

对花开美景欢呼雀跃的人，必然也会为花朵的萎缩凋落而悲伤不已。

个人观点

因材施教之我见

你的孩子有什么特点呢？热情充沛？自负过人？志存高远？或者会胡思乱想？那我们不妨把他们往这个方向引导：让他们脚踏实地，从身边小事开始做起。

如果他自卑胆小，不敢轻举妄动，连做个美梦都不好意思，说话也细声细气，那引导方向就是让他们张扬个性，大声说话，高声歌唱，鼓励他们畅想未来。

我们的教育一直在谈全面发展，我认为应该不仅是指德智体美劳的全面发展，还应根据孩子自身特点的倾向性来施加一个反作用的力道，使孩子个性更趋完善。

孩子本性可以是内向的，但不要过分鼓励他内向，直至自闭；

孩子本性可以是豪放的，但不要过分发挥他的豪放，直至躁狂。

所以我认为"因材施教"就是具体情况具体分析，这里的具体情况应该分为两种：

第一种是指顺着孩子的特长施教，让他能够在天赋擅长的方面有所建树，这指的是学习特点；

第二种是逆着他的特点施教。这能够使孩子人格更趋完善，人生的体验会更丰满，这针对的是个性特点。

有时候人随着岁月流逝会慢慢成长，人格逐渐完善，但这个过程很漫长。

比如说，一个从小就极度不善交往、容易害羞的孩子，成长过程的感受是孤单。但随着他长大、读书、交往、工作，和社会接触更多，遇见更多的人和事，眼界开阔了，性格自然也会放得更开一些，这样的状态会使他体验到更多美好而丰富的感受，而不仅仅是孤单。

生活中大部分这种孤单内向的孩子，最终都会靠自我成长的力量成功融入这个社会。

但不是每个人都是这么幸运而积极向上的，也有少部分这样的孩子有可能最后被扭曲——因为孤僻不合群被社会边缘化，而心生仇恨残忍。

据国外犯罪研究统计表明，在杀人犯中杀人手段极为残忍者，往往不是看起来穷凶极恶的狂暴之徒，而是一些看起来斯文礼貌的乖孩子，前者是冲动杀人，而后者则是蓄谋已久。

中庸之弹性灵活

在很多时候教育孩子需要对他们的行为做出限制，让他们知道这个世界没有绝对的自由，他们需要学习规则和纪律来约束自己。

我们怎么对孩子说"不"呢？

可以参照以下"限制、理解、变通""三步骤"（见表2-1）。在孩子说"不"时做好如下准备：

◆ 限制：单方面明确果断地限制他的行为（父母帮助孩子控制不合理的愿望）。

◆ 理解：理解他的心情（表示同情，但不认同他的错误做法，给予情感支持）。

◆ 变通：提供可替代的途径或部分地满足他的愿望（愿望本没错，规则不是敌人）。

表2-1 限制、理解、变通三步骤

	限制	理解	变通
孩子生气时把花瓶砸在地上	"花瓶不是用来砸的！"	"我看得出你这会儿气坏了！"	"那就扔枕头吧。"
孩子想上网玩游戏	"今天不能玩游戏！"	"你希望每天晚上都打游戏？"	"再等两天，你就可以在周五晚上或周六晚上玩游戏"
孩子看电视不想去睡觉	"你该睡觉了！"	"今天电视确实很好看吧？"	"你自己决定，你是看十分钟后自己关电视呢，还是现在我就帮你关了？"

生活中需要制定规则，没有规矩不成方圆。但规则范围内也要来点儿弹性，如果我们解决问题时过于刻板，不讲灵活和变通，同样不能达到预期目的。

在以上"三步骤"中，变通这一步可使用两个技巧，一个是"替代不合理行为"，另外一个就是"提供可参考的选择项"，我们可以叫这种技巧"二选一"，如上面表格里关于看电视的内容所示，孩子拥有了部分选择的自由，就会愿意合作。

"你想现在做作业，还是晚饭后再做？"
"你是先倒垃圾还是先擦桌子？"
"你是穿红格子的睡衣，还是白色的？"

它的适用范围很广，从学步儿到青少年都可以，这种选择的自由替代了指令的生硬，自主性降低了压迫感，让人更愿意合作。而且这种"判断和决定"的训练对孩子的未来也是有益的，因为成长总是伴随着抉择。比如先工作还是继续学业，先结婚还是先立业。

甚至在婚姻生活中也可尝试这样做，妻子可以对懒惰的丈夫说："亲爱的，你看你是拖地还是洗碗？"

丈夫假装没听见，妻子可以再说："你看是我帮你选，还是你自己选呢？"

如果丈夫还是装聋作哑，妻子可以说："你看我是和和气气地和你说话呢，还是让我发脾气和你说话？"

如果他还是没反应，你只好说："好吧，是你主动离开我的生活呢，还是让我骂走你呢？"

呵呵，以上纯属娱乐，博你一笑。

接下来要谈的就是生活中的快乐源泉——幽默，它是富有魅力的语言武器。

> 柔和的舌头能折断骨头。
> ——《圣经》

幽默是免费的娱乐

你平时会和他人嬉闹吗？

你喜欢开玩笑吗？

你是个悦人悦己的"开心果"吗？

你是个乐天派吗？

很多类似的调查都表明，中小学生普遍喜欢有幽默感的老师。从我的临床经验来看，很多不好相处的青少年，往往很买幽默的账。

生活中不能没有幽默，就像春天里不能没有鲜花。

尤其是当生活中有矛盾的时候，风趣诙谐的回应往往能良好地化解危机。有幽默感的人，能享受人与人之间的矛盾，享受把矛盾的尖锐变得云淡风轻的美妙过程。

> 嘟嘟在大家品尝前"偷吃"了巧克力。妈妈微笑着问他:"巧克力是为客人准备的,是不是你的小恐龙多利(玩具的名字)偷吃了巧克力?"
> 嘟嘟不好意思地回答:"一定是他,他看到巧克力时嘴馋了。"
> 妈妈继续温和地对孩子说:"哦,那么请帮我转告多利,下次想吃巧克力时,请提前告诉我,好让我为他也准备一份!"

有时间,你可以多看看喜剧片,多看看笑话,多和有幽默感的人在一起。

美国作家海明威自拟的墓志铭是:"恕我不起来了!"你看,他临近死亡都还拥有一颗生机蓬勃、意趣盎然的心,这是一种多么令人肃然起敬的智慧!

冰心老人将近百岁,依然如孩童般充满情趣。前去看望她的人问她平时都在做什么,她幽默地说:"我坐以待'币'。"她的意思是等稿费,因为冰心时不时还写点儿小文章,会有点儿小稿费。

所以,请别把生命看得太严肃,保持一点儿幽默,我们应该有责任也有信心去使这个世界变得更加有趣。

设想,如果我们在教育孩子的时候,将气氛设置得轻松一点,话语中多一点幽默风趣,可能更能激发孩子活泼的天性。不仅如此,更重要的是还能让他们在轻松的笑声中受到印象深刻的启迪。

有的父母说:"教育孩子嘻嘻哈哈怎么行呀,不给点儿颜色,他以后就更不好管教了!"

幽默和嬉皮笑脸不是一回事，一本正经的严厉面孔不会拉近亲子之间的距离，只会换来畏惧，也很容易刺伤孩子的心灵。

过于严肃只会让孩子和家长的关系愈加疏远，甚至导致对立现象，孩子不会发自内心地心服口服，没有心悦诚服的关系不叫树立威信，而是惹不起躲得起。

男孩建建最近迷上了战争片，每天都拿着刀剑打打杀杀的。有一天他爸爸带着他出去玩，在半路上，他看到了一家商店橱窗里陈列着一支新式玩具步枪，便缠着要爸爸给他买，可家里的武器玩具都堆积如山了。

这时候，建建爸爸心想，如果不给建建买的话，他势必会闹个天翻地覆。于是他试着对建建说："儿子，你的军费开支是不是也太大了？现在是和平时期，好多国家都裁军了，我们裁减点儿军费如何？"

听他这样说，儿子笑了，非常高兴地答应了他的要求，还说自己要做个光杆司令。

一句风趣幽默的话抵得上千言万语，父子之间的矛盾迎刃而解。"善化人者，心诚色温，气和词婉，容其所不及，而谅其所不能；恕其所不知，而体其所不欲。"

管理情绪

表达愤怒，但不责骂

"难道我们在孩子面前都不能生气了？有时候小孩做的事情真的会让你忍无可忍。老憋着心里那团火不发出来，一爆发出来岂不是更可怕？"

我们的情绪不是说来就来，说散就散的。人们知道在孩子面前发火不太明智，也担心自己的怒火会烧灼到孩子，于是拼命去忍。但这就像一个人屏住呼吸潜水，如果不尽快浮出水面，就会被憋死，所以不断地忍耐，问题迟早会爆发出来的。

能够想到去"忍耐"父母的，已经是精神健康而且比较可贵的人了，因为他们有自我觉察力，能够意识到自己的愤怒，并且重视它。但我们不是圣人，不需要为自己的愤怒内疚。

在教育当中，必要的愤怒也是能起一定作用的。该生气时不生气——是不是反而显得不太在乎、漠不关心呢？

哪个爱子女的人没有生过气呢？

所以，生气上火很正常，把火发出来也无可厚非，但怎么发出来则是父母需要考虑的问题。我们的目的在于我们的情绪能够获得适度的缓解，能够让孩子获得一些启示，而不是去辱骂、去攻击孩子的人品。

"我刚把屋子收拾整齐,结果桌子上又堆满了吃完的瓜皮果壳,房间里还有你从衣柜里扒拉出来的衣服。而你却在看电视,我很生气,我真想把这些东西从窗口扔出去!"

> 有位高僧在云游前,把自己酷爱的、种了满院子的兰花交与弟子,并嘱咐其悉心照料。谁知有一天晚上弟子忘了将兰花搬回室内,恰巧风雨大作,原本开得正艳的兰花被打得七零八落。弟子忐忑不安地等待着师傅的责骂。
> 僧人云游回来,得知缘由,只是淡淡说了一句:"我不是为了生气才种兰花的。"弟子从中得到启发,幡然悟道。

你这样表达愤怒不会伤害孩子,没有做"你没有责任心,你这头懒猪,你不尊重别人劳动"之类的评价,只是在客观陈述事实,同时会让孩子知道自己的行为有失妥当。

将情绪旋钮调到冷静

我们和调皮的孩子们打交道时,发脾气已然是不可避免的一部分,但我们不可能兜个灭火器在身边时刻准备着去灭火。很多时候我们由于没有预期,会被小朋友们激得火冒三丈,回头想想"多大个事呀",自己还那么气急败坏,失去控制。

其实唯有小事才令人烦恼,这就是所谓的"三千烦恼丝",在不经意间缠你一下。如果前面有一头大象冲过来回避就是。

> "当我们气坏了,恨不得说出最难听的话才过瘾,在那时还能斟酌字句真的很难,口不择言是在所难免的。"

一点没错!正因为灾难性的情绪,才有吵得不可开交的夫妻、反目成仇的父母和子女、对峙已久的上司和下属。

在情绪激动时,我们的理性降到低点。在气头上说话办事多有不妥,所以在气头上惩罚孩子恶果可想而知。情绪的自我控制能力也反映出一个人的修养程度,虽然很多人有这样的修为,但他们大都用于对待外人,而非用在自己的孩子身上。

人如果对愤怒不进行有意识的控制管理就会对"生气"上瘾,许多患有病态愤怒和控制障碍的人觉得愤怒让他们自己有优越感,其实不然,每个人暴怒的样子反而可笑得像个白痴。

我们不妨学习一些爆发前缓解紧张情绪的好办法,这样可以有效避免破口大骂。可以尝试在大发雷霆前,按照下面的方法来释放情绪:

- 停顿,阻断冲动,离开你所在的地方,暂时不要看见让你生气的人或物。
- 闭上眼睛,深吸一口气,慢慢吐出来,同时想象你的嘴巴前面有一团软软的棉絮，你呼的气宛如一阵风，吹散棉絮，缓缓消散于无形，你甚至能听见棉絮飘散的声音。

你可以给自己稍多点时间，这样做不是让你不再生气，而是从十分生气降低到七八分甚至更低，怒气降低些再去处理问题。这种形象的想象方式，比有些书中建议的在心里默念"10、9、8、7、6……"数字来降低愤怒程度的方法应该更有效。

一个聪明的人，会以一种"一切尽在掌握"的态度来对待在他心中升起的种种情绪。常被莫名的情绪反应所束缚之人，就如落雨的湖面，难以感受到平静安详之美。

你为情绪所付出的努力和表现出来的修养，还会获得另外的一份回报，就是孩子从你的言语行为中可以学习到人生重要的一堂课：如何健康地表达愤怒——什么是安全有效的、可被理解的生气方式以及我们应该怎样管理自己的情绪。

身体会说话

心理学家弗洛伊德曾经遇到过一个案例。案例中，病人告诉他，她的婚姻生活十分幸福。在谈话中，这位病人不断地将自己的结婚戒指取下，然后又戴上。弗洛伊德注意到了她这一无意识的小动作，他很清楚这意味着什么。

所以，当有消息传出她的婚姻出现问题时，弗洛伊德丝毫不感到惊讶，因为一切都在他的意料之中。观察肢体语言"群组"，注意肢体语言与有声话语的一致性，就好比两把金钥匙，能够帮助我们打开肢体语言的宝库，从而正确地解读出无声语言背后的真正含义。

一个人可以指挥自己的嘴巴说什么，但是很难全面地控制身体语言。人体有许多肌肉的运动是自主的，根本不受大脑控制，就算你自我感觉非常好，肢体语言都可以泄露你的真实想法。

假如一个男人面无表情，一边摇头一边说"我爱你"，那么一定没有哪个女人会相信他的表白。

假如一个妈妈愤怒无比，高声尖叫"天知道我有多疼你！"，那么这个孩子也不会相信妈妈的情意。

我们许多难以察觉的不经意的小动作，却能表达出我们真实的内心世界。大多数人喜欢观其行，而非听其言，认为通过身体所传达的无声讯息超过嘴巴说出来的言语。

在与他人沟通之前，我们首先要控制好自身的情绪。所有的不安、欢快、焦虑、愉悦等，都会在潜意识里转化成肢体语言，直接或间接地影响我们的沟通效果，所以，先学会控制情绪，不把坏情绪传递出去。

当我们不开心时会本能地表现出负面的肢体语言。举个最典型的例子，心情消极时我们坐在椅子上会不知不觉地往后靠，企图离身边的人远一点。

在治疗中，有位大模大样的父亲，答应试着用更亲近、更平等的态度去和儿子交流，但在儿子进来治疗室时，父亲就本能地把脚架在腿上，身子往椅背上一靠，他不是有意为之，这无意识就已经表现出他对儿子的真实态度，儿子在落座后也把身子往后靠。两父子还没开口说话，就已经竖起一道障碍。

> 嘴巴总是能轻易地为我们保守秘密，但是身体却喜欢四处宣扬我们的秘密。
> ——弗洛伊德

所以，如果我们真的想和孩子交心，那就诚意再足些，去表达反映真实心情的语言，省得被孩子觉得言不由衷，一举一动都带着成人式的虚伪。

还有的家长似乎很认真地在听孩子说话，但眼睛四处转来转去。其实孩子知道你只是假装在听，对他漫不经心。

我们经常可以听见孩子不满地问他父母："你们到底有没有在听我说话呀？"

在谈话中，适时地看看对方并适当地点头予以简单回应，对说话的人是有积极的意义的，如果你半天都把脖子僵在那儿，头像石像似的，表明你根本心不在焉，你对话题不感兴趣。

如果我们很忙碌，无暇顾及孩子的讲话，可以坦诚地对孩子说："妈妈很忙，一会儿再聊。"

阿瑟·沃斯默在他的《交往》一书中介绍了一种方法，让人能够向对方表示自己与对方相遇感到轻松、舒服、高兴或者愿意做进一步的交往。他提议用以下 6 种非语言行为：微笑、放松的姿态、身体前倾、身体接触、眼神交流、点头。

我不赞成轻易对孩子说谎或想当然地敷衍孩子，即使对学步儿也理应抱有一份真诚。他们被定义为懵懂无知，"无知"只是大人自以为是的判断，实际上没有任何科学研究能够证明他们没有心智，也许他们察知的事物比我们还多呢！老子认为人生的至高境界就是"复归于婴儿"。毕加索终生都在努力探索如何像孩子那样去画画。

有哪个大人能问出像孩童般富有想象力的问题呢？

哪个大人能像孩子般和花草虫鸟有着天然的情感沟通，而且如此真挚呢？

大人只会笑话孩子的可笑幼稚，可我们为什么不去反思自己失去"天真烂漫"能力的原因呢？为什么不为我们看不见他们眼中美丽的童话世界感到遗憾呢？

我们不相信童话——真的是因为我们足够成熟，足够了解事物真相了吗？我们从出生开始就被纠正，被要求符合大人眼中"正常"孩子的标准，当我们成功做到这一点后，就又开始嘲笑其他小朋友的"傻"，为什么不是我们失去了最原始的和万事万物对话的能力呢？我们不相信，也许仅仅是因为我们看不见，并不是它们真的不存在。

所以，尊重孩子吧，就像尊重年幼的自己，就像尊重天地中最具灵性的生灵，尊重大自然中最神奇的生命现象一样。

人类学家伯德惠斯特尔发现，在一次面对面的交流中，语言所传递的信息量在总信息量中所占的份额还不到35%，剩下的超过65%的信息都是通过非语言交流方式完成的。

伯德惠斯特尔对发生于20世纪七八十年代的上千次销售和谈判过程开展了详细的研究，其结果表明，当谈判通过电话来进行的时候，那些善辩的人往往会成为最终的赢家，可是如果谈判是以面对面交流的形式来开展的话，那么，情况就大为不同了。因为，当我们在做决定的时候，在所见到的情形与所听到的话语中，我们会更加倾向于依赖前者。

研究表明，通过无声语言传递的信息所产生的影响力是有声话语的5倍；而且当两个不同的人进行面对面交流的时候，尤其当这两个人都是女人的时候，她们几乎会全部依赖于无声的肢体语言进行交流，而无视话语所传递的信息。

有话好好说

前半部分我们从整体上了解了和孩子交流的一些特点，接下来我们将具体地谈谈，一些典型情境下如何"有话好好说"。以下我选择了一些父母最可能经常使用的不当言语，以期说明怎么去和孩子说话。看看下面的语言大观，其中是否有你的影子。

如果有，那就让我们尝试着进行语言转换，请看以下的表2–2十大语言变形计吧！

表 2-2　十大语言变形计

负面言语	正面言语
啰唆夸张	明确简短
长篇大论	真诚共鸣
针锋相对	沉默是金
挖苦讥讽	善意提醒
怀疑警告	表达关心
责怪辱骂	倾听关切
消极打击	开心乐观
东拉西扯	就事论事
严厉专制	弹性灵活
空洞过度	具体适度

即便我们知道应该怎么做和怎么说，但让一个人改变态度并学习新的技巧不是那么轻而易举的事情。

当我们试着去改变自己，给孩子更多的尊重和尊严时，他也会感觉到你和从前的差别。他会试着调整自己，用更为尊重父母的方式来说话。

不过需要明白的是，父母不要期望孩子总是会感激这种新生的交流方式，有时孩子在面对我们的平静和理性时，依然会攻击我们，甚至嘲笑这种交流方式，然后不以为意地说一些这样的话："这是干什么呀？我不喜欢你的改变。真可笑！"

但这没关系，你不要因为这样就让孩子牵着我们的情绪走，自己又回到从前对待孩子的老路上。我们依然要坚定决心改变，多给双方一些调整和改变的时间，假以时日，孩子会看到你的诚意，继而回报你的努力。

1. 啰唆夸张变明确简短

情境：8岁的丁丁没做作业在看电视。

妈妈："和你说过很多遍了，做完作业才能看电视。做作业是你的事，不是我的事，每次都要我提醒，你难道是为我读书吗？啧啧啧，你看看你的房间，还好意思在这看电视，睡觉前你必须要把屋子收拾干净了，总是乱糟糟的。说多少遍都记不住，睡觉前要把屋子弄干净了，玩具图书看完要收起来！我说的话是耳边风吗？"

试试这样说："关了电视，先去做作业。"

情境：欢欢骑自行车去上学，出门时却没拿车钥匙

妈妈："你怎么总是丢三落四？"

试试这样说："这是你的自行车钥匙！"

教养要点：

- 让丁丁迅速明白自己该干什么，父母说一大堆话，孩子却抓不住重点，不知是做作业，还是收拾房间，还是做些什么应付在生气的大人。
- 说的话越多，越不能抓住孩子的注意力，他只会呆呆听着，左耳进右耳出。

- 每次要求孩子执行任务，只说具体的一件事。如上文说的那样，只说做作业，不说收拾屋子。
- 言简意赅代替长篇大论，明确简短代替冗长废话。
- 如果匆忙中，欢欢忘了拿书本、眼镜、车钥匙、午餐钱等东西，最好的处理方式是把东西直接递给孩子，不要增加判断词，如"健忘""不负责任"之类的。
- 把话说得越重，也许最后孩子越容易健忘。

2. 长篇大论变真诚共鸣

情境：12岁的兰兰升初中。

兰兰："听说初中会比小学更有意思呢。"

妈妈："进入初中，课程更多，学习压力更大了，需要更努力。这可不是开玩笑的，小学生很容易拿高分，从初中开始可不一样了，不能随便浪费时间。而且要注意早恋这样的问题，不仅影响学习成绩，也影响将来恋爱……"

试试这样说："哦，看起来你很渴望上初中！"

兰兰："是的。"

教养要点：

- 当妈妈说完前面的长篇大论，兰兰从本来心情愉快瞬间索然无味，再也不发一言，开始自顾自想别的事了。也有的孩子在这时会和妈妈陷入长长的毫无结果的辩论，没有结果是因为：妈妈说得对不对不重要，而是不想就这么认同了，对于妈妈在此时发表的长篇大论觉得反感。
- 妈妈是想敲警钟，不仅没有起到引导兰兰的作用，反而阻碍了感情交流，实际上兰兰带着新奇和些许喜悦的心情想和妈妈说点心里话。

3. 针锋相对变沉默是金

情境：8岁的丁丁一早起来犯懒。

丁丁："妈，今天身体不舒服，不能上学了。"

妈妈："你怎么好意思说谎呢？傍晚你还打算去踢球，上午就不能去上课？"

丁丁："可能……下午会舒服点。"

妈妈沉默……（几分钟时间的沉闷）

丁丁沉不住气："妈/爸，你认为我该去上学吗？"

妈妈/爸爸："你自己也觉得有点困惑？"

丁丁边穿衣服边说："是的"，准备去上学。

教养要点：

当父母用沉默帮助丁丁做了决定，他肯定是意识到了能去踢球就能去上学，但如果父母像个侦探一样锐利地指出来，丁丁可能会替自己争辩两句，双方都不开心，虽然最后丁丁去上学了，但他认为自己只是服从父母的要求，迫于父母的压力才去的，而不是自己做的决定。

4. 挖苦讥讽变善意提醒

情境：13岁的欢欢上学快迟到了，但她还在镜子前仔细打量自己。

妈妈："赶快！照什么照？都几点了！你以为自己长得漂亮吗？"

妈妈："你聋了吗？要我叫你多少遍？"

试试这样说："现在是北京时间七点半。"

教养要点：

- 孩子注意自己的外表本身并没有错，尤其进入青春期的孩子会对自己的外在形象格外在意。
- 不管是有意还是无意，都不应该贬低孩子的形象，不管是他在自己心中的形象，还是在外人面前的形象。
- 其实用这种口气说话意味着父母有种内在的担忧：心思都花在打扮上，学习肯定会退步。然而，注意外表和学习成绩之间不是矛盾对立关系。
- 带着人身攻击意味的口气催促欢欢，她反而会故意拖拉，以此来反抗父母。甚至有些孩子在成人以后，依然保持这种特点。
- 就像有时我们在生活中看见一些脾气很好但喜欢拖延的人，即所谓"无用的好人"这类型。这种特点的人不太习惯或者说没有足够的勇气直接和人"主张自我"，便会以"表现无效率""办事特别拖拉"来作为武器，间接表现一种反抗。

5. 怀疑警告变表达关心

情境：9 岁的豆豆在上学出门前。

妈妈："放学了早点回家，不要在外面溜溜达达。"

试试这样说："你回来晚了，我很担心。"

或这样说："下午五点我会去接你。"

教养要点：

- 我们不能先做负面假设——"豆豆放学后会去闲逛"，即使他有过"前科"。生活中不要做负面假设，尤其不应该先假设"孩子糟糕"，否则你就会暗示自己一直寻找证明他糟糕的证据，来符合你的假设，这是多么可怕的暗示！
- 对豆豆不信任的假设，会让孩子对他自己丧失信心。我们应该期望，也认定孩子会守时，正面的预期有时候能提供更多帮助。

6. 责怪辱骂变倾听关切

情境：8 岁的豆豆在学校和同学打架，老师把他的父母叫到学校。

妈妈："你怎么就知道在学校打架、给我惹麻烦呀！"

妈妈："你不要脸我们还要脸哪！"

试试这样说："能和我说说事情是怎么发生的吗？"

教养要点：

- 聆听是良好关系的开端，能打开对话之门，保证我们能了解到所有的事实，能让我们听见孩子的感受和体验，不管是让人高兴的，还是让人讨厌的。
- 如果我们想从孩子嘴里听见实话，那就从小给他提供一个可信赖的氛围，鼓励他说出自己的真实想法，而不是让孩子学会撒谎，只去说父母想听到的话。
- 即使老师告诉我们事情经过，我们还是要听孩子亲口说出。这不是不相信老师，而是父母与孩子之间应该有的交流和沟通。

7. 消极打击变开心乐观

情境：10 岁的小新和父母一同走过一家高级餐馆。

小新："妈/爸，等我长大挣钱了，经常带你去那家餐馆吃饭。"

妈妈："像你这样调皮，不好好读书，以后能有什么出息？不知道我是不是命够长，能活到你挣钱那一天。"

试试这样说："哈哈，妈妈/爸爸等着呐，小新要加油哦！"

教养要点：

- 不要否定孩子的愿望，不要怀疑他的未来，更不要随意贬低他的孝心。任何悲观的预言都会破坏我们的生活。
- 我们要去相信、去承认，父母只有乐观坚定，才会让孩子自信开朗。

8. 东拉西扯变就事论事

情境：军军回家了，身上脏兮兮，脸上全是泥垢，衣服被扯破了，头上有几道血印子。

妈妈："像你这样子，迟早要去做流氓！你说说你不去做流氓还能干什么？学习不行，还经常打架，交的都是什么烂朋友？你是不是跟他们在一起变坏的？早跟你说了，不要和他们在一起，是不是要一起去坐牢呀……"

试试这样说："看起来你今天不是很顺利！？身上很疼吗？"

教养要点：

- 作为父母总有可能要去应付一些令人不愉快的事实，我们要有坚强的心理承受力。

- 哪个做父母的遇见这种情况不会生气呢？但是生气只会让事情更糟，还应先稳定自己的情绪。

- 军军可能遇到麻烦了，引导军军说出麻烦所在，并且提出可行的解决办法。

- 如果羞辱他，反而会让他拒绝说实话，很多时候孩子只有依靠父母的力量才可能解决麻烦，甚至避免更大的麻烦产生。可我们要让孩子有勇气有信心在遭遇困难的第一时间，愿意求助父母。

- 只谈重点，只解决当前问题。翻陈年老账，孩子才不会买账，这些账算完后不仅没利息，还要倒赔。不要把孩子从身边推开，让孩子陷入不良团体。和煦的春风才会让人脱下冬装，凛冽的寒冬只会让人把自己包裹得更紧。

9. 严厉专制变弹性灵活

情境：9岁的建建和父母参加团队旅游，他在沙滩上玩得正高兴，不想离开，可旅游车要出发了。

妈妈："闭上你的嘴巴！跟我走！"

试试这样说："你是打算跟旅游车现在回宾馆呢，还是再玩10分钟后我们花20分钟走回去呢？"

教养要点：

- 首先，我们得承认，建建因为玩得开心所以想多留一会儿的愿望没有什么不对，他还不可能像大人似的把问题考虑周全。所以我们的做法是帮助孩子控制欲望，却又不令他们反感。
- 如果我们采取更有弹性的处理方式，建建会想："爸爸考虑了我的愿望，对于我自己的生活，我有说话的权利。"他不会心生抱怨，让开心的旅游变得不开心。
- 做了决定后，建建自己要承担决定的后果。也许建建这次选择的是让你疲惫地陪他走回宾馆，但他也明白了任性需要承担的后果，下次的类似情况他会做更多考虑。
- 守时的任务留给孩子自己，父母只需要给他们一个现实的时间限制。
- "还有十分钟，我们就要出发离开了！"

- 对于幼儿，可以直接牵着他的手或抱起他离开沙滩，行动比言语更直接。父母要帮助孩子果断控制不合适的欲望，因为孩子自己控制不了。

10. 空洞过度变具体适度

情境：萌萌数学竞赛获奖了。

妈妈："太棒了，真了不起，毫无疑问你是个数学天才！"

试试这样说："看得出来，你为这次的竞赛做了很多准备，看了不少好书，也少看了几场球赛。我们为你高兴，去好好庆祝一下吧！"

教养要点：

- 鼓励程度：语言应该与孩子所完成的事情基本相称，把孩子捧上天，可能会导致如果未来情况不顺利或成绩不理想，孩子从天上摔下来时会跌得比较惨，孩子会担心父母因此不再爱他。
- 鼓励频率：无须对每一件小事都积极表扬，那样反而会降低孩子的成就感。就像菜放多了盐会使品尝的人味觉麻木似的。
- 鼓励方式：表扬要具体化，不要大而无当，要赞赏孩子的努力过程，肯定学业努力过程比单纯的表扬要高明得多，这样的做法可以让孩子感觉到自己在不断进步，而不是天生高人一等。
- 不鼓励用"如果……就……"的句式当作奖励的条件。比如"如果你不哭了，妈妈给你买小汽车"，这样有条件的奖励会让孩子掌握要挟父母的技巧。鼓励不应是事先担保，而是事后惊喜。

以上十大"言语变形计",是我在临床的实践中得出的一些体会,大致能够体现出中国父母存在的一些不当的表达方式。

本章我会用后现代心理疗法中的叙事疗法的观点来收尾。该疗法要求治疗者在和当事人交流时抱着一份天真的精神,或者是"特意的无知",不藏身在所谓的"真理"背后,自认为知道世界如何运作或人类如何发挥功能似的。没有人是全能的生活专家,个案身上也有值得我们学习的东西。针对产生的问题,重新编写故事,就像写电影剧本似的,弱化问题本身对人的打击。比如说:"你怎么又逃学了?"和"逃学这个小恶魔是怎么找上你的?"就是两种不同的引导方式和思维方法。

语言创造现实。

这句话对我们有深刻的启示意义。语言不仅仅是指向现实的工具,它本身就创造现实。现实不是一个已然存在的实体,而是等待着语言去描述、表达和创造的非实体。子女不是完全天生天养、由天赋基因和本性本能决定的,也是由环境来塑形和创造的。

第三章
大自然的治愈力

▶ 走出去，接接地气，让大地母亲给我们做一下身体和心理上的按摩。
▶ 在大自然中恢复幼童般明亮的眼神和精神，寻觅一份"童心、童真、童趣"。只论快乐，不谈世情，不谈牺牲。
▶ 在大自然的怀里，我们和孩子同是自然之子，我们的心和孩子的心一起跳动。
▶ 大自然教我们珍爱自我，拒绝虚弱的父母之爱。
▶ 大自然教会我们感恩——感恩生命，感恩父母。
▶ 大自然教会我们平淡恬静，过度的刺激反而找不到"我"，过度的"善"会变成"恶"，不要爱孩子爱到身心麻木。
▶ 以自然为导，以天地为师。

> 让我们如大自然一般,自然地过一天吧。
> ——梭罗

大自然的治愈力

走出去,接地气

很多很多年以前,人类就在自然的怀抱里。出门听见鸟鸣,抬头看见蓝天,低头看见蚂蚁搬家,还有小昆虫在雨后一蹦一跳……那时,没有汽车尾气、钢筋水泥大楼和日益浮躁的人群。

只要有时间,你也可以走出钢筋水泥的世界,去户外转转、走走、看看。别说工作太忙没时间,找宅男宅女之类的托词,这是和工作同样重要的事情。

因为我们所有人的生命活动都需要从大自然的造化中吸收养分和力量。

在催眠治疗时,我们经常会让人想象自己身处自然之中,如草地或者山林这样的地方。深呼吸来放松自己,或者通过想象接收来自太阳的能量,充实自己。

在有限的生活空间中,我们尚可想象着和大自然去做交流,用

> 布朗把孩子领到园林里问道:"你看到了什么?"
> 孩子说:"看到了太阳、树林、松鼠,还有绿草……"
> 布朗提议:"那么,让我们闭上眼睛,看看能听到什么?"
> 孩子闭上眼睛努力地听,过了一会儿说:"我听到了风声、树枝和树叶发出的响声,松鼠在树上的跳跃声,鸟叫声,远处依稀的人声和车声……"
> "还有吗?"布朗继续问。
> 孩子想了半天,怎么也回答不上来了。
> 布朗揭晓了谜底:"你仔细听听,难道没有听见'时间的声音吗'?时间的印记刻在人的脸上、身体上、花草树木上、大地山峦上、日月星辰上……仔细倾听,你可以从世间万物中,听到时间在流逝和走路的声音呢!"

潜意识来获取能量。当我们走到真正的大自然里,还有什么理由不去感受自然的力量呢?

古人常说小孩子要"接地气"才能长得结实。孩子一般不爱穿鞋,脱了鞋袜在沙滩上玩会让他们特别高兴。甚至你给宠物穿上鞋,它都死活不愿意。难道这仅仅是一个习惯问题吗?其实,这是生物的天性,也就是接地气。

当我们光脚走路或躺在草地上时,会感觉身心愉悦放松。这是因为得到了"地气"的调节。不过赤足行走也要做好一些安全准备,以免受伤。另外,人类在原始生活中都居住在低处的洞穴,对高处有一种本能的原始恐惧,所以现代人总选择生活或工作在高楼上,但即便是一览众山小的优越感,依然比不了脚踏实地的安全感。

心理疗法中有种沙盘疗法,其中主要的媒介就是沙。沙是儿童最经常玩的玩具之一,几乎每个人都有玩沙的童年经历。通过触摸沙，人可以回归到孩提时代。我们可以在沙中任意发挥自己的想象力，创造出心中的城堡和山川，从而整合自己的身心，恢复一些感觉机能，感受到安全和温馨。

这种疗法的治愈功能不仅运用了心理学的理论，还借助了沙这种媒介所带来的自然神秘的治愈力。

不要小看我们脚下这片广阔的土地，这是我们赖以生存、和我们有着天然联系的厚土。你看不见，却能感觉到与土地的羁绊。所以自古民间出外远行的人，据说都会带上一包家乡土。在异乡水土不服时沉淀取清服下，居然很有效。

"接地气"的说法不仅符合我国古代养生哲理，也能为当代科学所证实。由于人的身体是一个导体，所以，它常有机会吸收静电。当人体静电积存过多，又没有地方可"放电"时，静电就会在人体内作怪，影响人体内分泌的平衡，从而干扰人的情绪，造成人的失眠、烦恼。

> 脑、髓、骨、脉、胆、女子胞，此六者，地气之所生也，皆藏于阴而象于地，故藏而不泻，名曰奇恒之府。
> ——《黄帝内经·素问》

大地母亲的按摩

阳光明媚的夏日里，孩子不妨光着脚满地撒欢儿，让大地母亲给他做按摩，让阳光土地和他尽情亲近。

成堆的钙片可能比不上遍野的阳光。昂贵的消毒机不如紫外线杀毒来得彻底。进口的电子玩具车如何比得上鸡飞狗跳的生动。

在城市生活时间长的人总以为农村脏，地上都是泥污，一不小心会踩上鸟粪狗屎。

其实这不脏，这是原生态。自然来又自然去，土里出又回土里。所谓"没有大粪臭，哪得稻谷香"。

真正脏的是有农药的菜、有瘦肉精的肉、有毒的奶粉、名目繁多的食品添加剂、不能消解的塑料污染、无良商家防不胜防的陷阱。

玩土是孩子天性，农村的孩子天天在地上玩，长大后大多比城里孩子抗病能力强。1~3岁是儿童免疫系统逐渐形成的阶段。想要离打针输液远点，就离大自然近些，因为在地上玩有助于免疫系统的完善。

3~6岁更是孩子与大自然接触的重要时期。他们在玩的过程中发育，手脚与身体的灵活性同时加强。而玩高科技玩具长大的孩子身体的协调性就差多了。尤其是孩子和电子玩具培养出深厚的感情后，与大自然的感情就越来越远了。

就像现在很多网瘾少年，他们在自然生活里体会不到快乐，就拼命在那一尺屏幕里找乐趣，依赖机器给他带来的快乐。这些孩子不能发现快乐和感知快乐，可想而知他们的性情有多么乏味和空洞。

现在很多幼儿园都开始教各种文化知识，如英语、珠算、拼音。"小学化"的幼儿园总让孩子学习一些无法即时即用又晦涩难懂的东西，让孩子以为提前学习就会更具竞争力。实际上这种模式不仅会破坏他们的想象力，还会造成精力浪费。如果仅仅为了让孩子认识几个复杂的字，而使他失去了进一步学习知识的兴趣，简直得不偿失。

孩子这个时候最重要的是通过玩耍来锻炼身体，同时认知和感受周围世界，在孩子心里产生这样一个概念：这个世界充满乐趣，生动无比，我很好奇，学习好快乐，我好幸福！

体验纯粹的快乐

请不要把自己想象成伟大的父母，觉得自己是为了孩子才拼命挤出时间去郊游。这听起来像是在恩赐孩子，实际只会影响你欣赏风景的心情。

你的确为了孩子在努力，但其实也可以让自己想想放松，如果一边想着平时上班努力工作，另一边想着假期还要为家庭付出，这样便会不自觉地给自己增加了负担。

如果总是摆出"我为了孩子做什么，怎么样……"的一副牺牲的姿态，希望获得孩子更多的理解，事实往往会让你失望。比如说，孩子在游玩时调皮不听话甚至闯祸了，你会觉得因为自己做了牺牲，做出"我挤出时间带你出来玩，你还这么不听话！"的反应，心情随之大受影响。轻则摆脸色给孩子，重则揍两下。

这样的结果就违背了走入大自然的初衷，须知，风景再美，心情不美也是枉然。何必大老远地跑到风景优美的地方来生气呢？

那应该抱着什么样的态度和孩子走进大自然呢？

答案是：共同体验，共同成长，和孩子一起去玩，而不是带他去玩。

体验什么？去体验自然的颜色，呼吸新鲜空气——那是最起码的。更重要的是去体验自己的心，听听自己的心跳……是否已经麻木和僵硬？自己是否已经对人间美景视而不见，对天籁之声充耳不闻？

无论何时何地，我们只有回归孩童时的好奇与纯真，像幼儿一样精神焕发、目光清澈，才能对这世界有更多的发现，才能比平日看到更多，从最平凡的事物中注视到更多神奇与美丽，从而让快乐翻番！

不用怀疑，不管你多大年纪、多么深沉、多么睿智，骨子里总还会存有一份"童心、童真、童趣"，即便它们因为生活压力蒙上了世俗的灰尘。

也许有人会说：如今物价飞涨，房价高昂，股市低迷，就连上下班路上都狂堵车，工作方面眼看到手的升职机会泡了汤，孩子偶尔的发烧感冒还揪着你的心，好不容易闲下来猛地又被毒奶粉、地沟油弄得心惊肉跳，谁还能有心思去听鸟叫虫鸣，看花开花落？

其实，越是这样努力生活的都市人，才越需要去培养一些闲情逸致，让自己活得没那么累。

> 实际上，很少有成年人能够真正看到自然，多数人不会仔细地观察太阳，至多他们只是一掠而过。太阳只会照亮成年人的眼睛，但却会通过眼睛照进孩子的心灵。一个真正热爱自然的人，是那种内外感觉都协调一致的人，是那种直至成年依然童心未泯的人。
>
> ——美国思想家爱默生

我们和孩子同是自然之子

我们都知道成年人只有藏起"天真",才会成为一个精明强干的职场人,才会有当爹当妈的样子,才会像个撑起一家老幼的顶梁柱。

可是在蓝天白云下,不妨摘下职场的面具,做一个简单快乐的自由人,做一个平易近人的父亲母亲。不必担心种种艰难,无论生活多么费劲,天也不会塌下来;如果一直绷着劲,反而有可能天塌地陷。这时,没有人会笑话你幼稚,不食人间烟火。

从过去到现在直至未来,我们一直是大自然的一部分。在大自然的怀抱里,我们每个人都是孩子。所以,在蓝天旷野我们不如尽情地敞开心扉去寻欢作乐。我们和孩子也同是自然之子,缘于此,家长和孩子的身份弱化,都变成调皮玩耍的孩子,反而让孩子和我们的距离一点点拉近。

你和孩子的心越近,越能影响到孩子的行为。

如收听收音机不把频率调到电台波段,就怎么也接收不到信息。因为传播双方不在同一波段。人际交流也是如此,要畅通无阻地交流,我们的心就得在同一波段跳动。一脸严肃地说教,只会让彼此远离真实的情感。真实的情感到底是什么?

简单说就是孩子对爸妈而言,心里有话愿意说,有困难渴望寻求帮助,高兴了乐于共享,成绩考砸了愿意共同探讨问题出在哪儿,被误会了有信心和耐心去向你说明,自己做错了能够真诚认错而不是口服心不服。

很多父母经常说:"以前这孩子挺好的呀,没什么问题,不知道现在怎么变成这样?"那说明父母早期没觉察出隐患。没有哪个孩子会突变,一个和家长情感很深的孩子,即使叛逆也会有底线,也许父母会因此倍感困扰,但不会到焦头烂额的地步。

孩子年幼时可能会对父母指令无奈服从,家庭里也总有种虚假的太平,你还自以为父子之间已经捋得很顺,"老子的江山坐得很稳"。

其实你可能有点过分乐观,真正的考验往往从青春期开始,那会儿"儿子听老子"的,才叫天下太平。

孩子通常在青春期有可能会把心门关上甚至锁上。

别等到那时候,你才像个急呼呼气呼呼到处都找不到打开孩子心门的那把钥匙的父母。所以父母不要忽略了早期和孩子的感情培养。应该怎么培养,怎样才能达成真实的感情?请参阅第一章和第二章。

大自然的引导力

大自然教我们珍爱自我,拒绝虚弱的父母之爱

在自然界中,放眼望去,处处都是生命的景象,一粒草籽都有

存在的意义，更何况我们堂堂正正的人呢？我们应该更珍惜自己存在的价值。

在工作中，我接触过一位女士，丈夫事业有成，虽然一日夫妻百日恩，但她只是一个摆设，丈夫对她视而不见。她把所有的注意力都集中在儿子身上，对儿子百依百顺，千般疼万般爱，可最后孩子经常离家出走，告诉她："只要拿钱给我，别的话都少啰唆。"

她说："我活着就是为了孩子，甚至要我的命都行。"这话听着令人感动，可是不会产生良好效果，她能感动别人，但就是不能感动她儿子。

父母有时很难在具体事件上让孩子按他们的想法去做，也不太可能直接影响到孩子的行为。比如说，要求孩子考个高分回来，叮嘱他今天不去上网打游戏，催促他放学早点回家等都很难如愿。

那父母能影响孩子什么呢？答案是生活态度和情感素质，性格和行为特点。

父母左右不了孩子的实际行为，却影响着孩子的行为方式。
父母改变不了孩子的内心想法，却传递给孩子某种思维方式。

不管你愿不愿意或者希不希望，大部分不想遗传给孩子的东西却神不知鬼不觉地传过去了。如懦弱、自私、暴躁、憎恨、悲观、绝望、自卑……这就叫言传身教。

如果父母本是空洞的人，认为自己的命不值钱，单纯为孩子活着，觉得孩子是父母活着的唯一意义，依赖孩子实现人生价值，那孩子会明白他的命有多值钱吗？他的人生有多重要吗？他有什么必要去努力吗？他也会打主意依赖某人为自己的生命负责。

所以为人父母，首先要做好自己的"本职"工作，也就是想清楚"你"是个什么样的人，你得先让自己痛并快乐地活在这个世上，虽迷茫但还勤勉着……

好母亲和好父亲并不是为孩子做了牺牲的人。先要自爱再去爱人，先把自己这个"人"端端正正地写好做好了，好好爱自己，才谈得上为孩子做些什么，才能教会孩子自爱。否则"无私"的父爱母爱也会听起来相当虚弱。

试问：一个悲观消极的妈妈，能养育出一个乐观开朗的女儿吗？一个懦弱自卑的爸爸，能教会儿子什么叫自信坚强吗？

> "一切都让给孩子，为之牺牲一切，甚至牺牲自己，这是父母所能给孩子的最可怕的礼物。那些衣衫褴褛、鞋袜不整、自己舍不得看戏、一味抱着慈悲心肠为儿女牺牲一切的父母，可以算得上最坏的教育家。"
> ——苏联教育学家马卡连柯

案例呈现

D，17岁，男，家境贫穷，父母为了让他出人头地，一直省吃俭用，身兼好几份工，每天疲惫不堪，供他上最好的私立学校，请最好的家教，密切监督他的行踪。可是D并不配合他们的愿望，不仅成绩上不去，而且还逃学，最后干脆离家出走，经常躲在网吧不见他人。

（续表）

案例呈现

父母言："我们没读什么书，希望他能学习，有用，别像我们一样，这辈子没出息，我们累死累活，这不都是为了他吗？不养儿，不知父母恩。"

儿子言："我真的不想读书了，一天到晚唠叨说学习学习，老管着我，不自由。还总说我好像欠着他们好多好多似的，好烦呀，谁让他们生我，谁让他们那么累，我根本不想上那所私立学校。"

点评：接触该个案时给我印象最深的是这对父母佝偻的背，闪躲的眼神，还有孩子深深的自卑和脆弱的心理。

父母的苦心不被孩子理解，你给的不是他想要的，再辛苦也徒劳。

即使是幼儿，从稍通人事的一岁开始，父母就要以他能接受的方式来提出要求，否则他就会反抗不合作。如训练他如厕时，孩子不乐意就使出浑身的小力气打挺；不让他撕书时，大声哭闹。这么小就开始有自己的想法了，你叫他往东，他偏往西，更何况已经那么大的孩子呢？

因为说到底他是独立的个体，不是寄生在爸妈身上的肉体。他有自己的想法，而父母做了牺牲，想要看见自己理想中的结果是人之常情，无奈往往两败俱伤。

任何一个孩子永远是欠父母的，即使这是真理，也没哪个孩子愿意背负"自己做的和父母想的不一样，就是对不起父母"这样一个沉重的压力。父母如果话里话外牢骚满腹，经常传达出"你欠我的"的态度，是不会增加彼此感情的，因为这句话的引申意思就是："你一直就是欠我的，为什么还不按照我的想法去做呢？"

欠了债还老被人提醒的滋味肯定不好受，何况是欠情呢？

另外，你也可以这样去理解：父母之于孩子，其实无所谓恩，你带他来到这个未知的世界并没有征得他的同意，你也获得了母性和父性的满足，你那"一把屎一把尿把孩子拉扯大"是种人生经历。人不可能平白无故就能享受到"天伦之乐"这种高层次的、独一无二的情感体验。反过来说，孩子却一定会有恩于父母，因为孩子改变和磨砺了他们。

感恩之心不是逼出来的。

大自然教会我们感恩生命、感恩父母

感恩的心不是逼出来的。

对于爸妈,孩子从怀胎十月到呱呱坠地,是相当神奇的生命现象,爸妈将努力呵护,陪他长大,其中辛苦自不待言。

对于孩子,看着播种的植物和饲养的动物一点点长大,同样离不开细心的浇水和勤勉的喂食,生命奇观才向他慢慢呈现。

孩子们和动植物的关系能让他们慢慢体味到自己和爸妈的关系。

孩子要细心照管动植物,否则它们就会干枯、死亡。他开始变得警惕,意识到自己对其他生命负有责任,这和父母亲对他的生命责任感如出一辙。

所以当孩子回家很晚,去玩危险游戏,或者接触其他不良事物时,父母不可能不闻不问。那不是为了要管住孩子,是希望他能更好地长大,不想让他的心灵或身体中途夭折或受损,不希望鲜花还没绽放花蕾就掉了。这种心情完全就像孩子殷殷期待着花儿开放的那一天,如果孩子领会到这样的良苦用心,他怎么可能愤怒地拒绝

> 譬如树上开花,
> 花落偶然结果。
> 那果便是你,
> 那树便是我。
> 树本无心结子,
> 我也无恩于你。
> 但是你既来了,
> 我不能不养你教你,
> 那是我对人道的义务,
> 并不是待你的恩谊。
> 将来你长大时,
> 莫忘了我怎样教训儿子。
> 我要你做一个堂堂的人,
> 不要你做我的孝顺儿子。
> ——胡适

> 道非独在我，万物皆有之。
> ——《西升经》

父母的爱意呢？

当孩子有一天收获回报，花儿绽放，蚕儿吐丝，鸟儿鸣叫，简直就像过节，令他快乐兴奋。他感觉自己就是这些小东西的父母，在这样真挚的情感面前，言语又显得多么乏味造作。在无须刻意说教的干涉下，孩子便自然而然地理解了爸妈对他的爱护，这样的教育叫自主教育。

教育有时就是这样简单，正如窗台的一盆花、窗外的一蓬草、窗前的小蜻蜓，让他懂得切入的方式，做个有心人，训练出发达的感官，能注意到天地万物。不管是渺小如沙粒种子，还是宏伟如宇宙苍穹，他都不会视而不见。让他自己有兴趣仔细去听小虫的鸣叫，观察小草的发芽，去看去听去触摸。

"一切有形，皆含道性"，世界万物都有道，道在社会之间，在军事、机械、医学、天文，乃至一草一木间。

把大自然带入我们的生活中来吧，即使简单地播下一颗小小的种子，也可以等到它发芽的那一天。随着幼芽的破土，儿童幼小的心灵就会萌生智慧，萌生对生命的尊重和对自然的热爱，这将影响一个人终生的价值观。

童年的记忆和生命印象等那些最早感动过你心灵的细节，永远会根植在你情感的深处。

也许有人说，怕孩子会因养的花和动物死了而伤心。其实不用多虑，死亡是生命永恒的话题，是富有人生意义的。如果我们永远都死不了，那活着还有什么意思呢？是不是什么都无所谓了呢？这些都需要家长慢慢引导孩子了解。有时生命艰难，并非一帆风顺，花儿还未开放也有可能会事先枯萎。

正因为每个生命都会死，在活着时就要珍惜、要尽心，不能因为人终有一死会伤心，就不好好生活。

大自然教会我们身心恬淡

我们先看一组比较：

表3-1 自然与人工对行为影响的比较

	人为人造	天造地设
看	灯光五彩变化，霓虹闪烁，虚幻之华丽，眼花缭乱	浮云长消，晨曦与晚霞的流变，月圆月缺，花开花落，繁星点点
吃	一餐吃十几道菜，味美色重、调料多多、口味浓重、过分刺激	粗茶淡饭、原汁原味
听	节奏激烈、电子声乐、高分贝	微风的低唱、野鸟的高歌 流水的潺潺、果实的坠落

> 五色令人目盲，五音令人耳聋，五味令人口爽。
> ——老子

越来越多的城里人喜欢吃辛辣刺激的菜，比如水煮鱼、麻辣龙虾、毛血旺等。南方人因为环境的影响而需要嗜辣，如今北方一带也兴起了辛辣的菜。

饮食习惯和人的生活状态有很大关系，普遍嗜辣的现象则说明现代人的身体素质已经在下降。

有些中医理论认为，人体能量的大量丧失会导致胃经气血亏虚，中气不足，食欲变差，食而无味，只有吃味道浓重的食品，如烧烤、麻辣火锅等味道比较厚重的食物，这些人才会有胃口。

过分浓重的味道会损坏味觉。一旦感觉器官麻木了，就会吃什么都不香。花天酒地的阔老板和公子哥们，一掷千金却无处下箸，觉得什么都不可口。婴儿的感官是最干净的，我们却总用大人那已经被污染的味觉去揣测，认为婴儿喝着没放盐或糖的汤会食不甘味，颇为滑稽可笑。

婴儿本可以吃出肉和菜最原始的香味，父母越去添加调料，孩子的味觉就会越来越重，渐渐地他们再难体会到食物的原始香味，反而开始依赖调料。有的婴儿自从喝了可乐便不再想喝白水了，这一点所有人都一样，尝过甜头以后再回头就不易了。

同理，明亮而闪烁、华丽而空洞的灯光也会伤人的眼睛。如舞厅里的灯光，长期置身其中，会使人的辨色力和透视力都下降。

人的生命之所以存在，在于感觉的存在，能帮助人感知外物和内心的变化。同时欲望还存在，享受也还存在。想要感受到自己的存在需要满足两个条件：自己对他人他事是有用的，如能让自己养育的婴儿露出满足的表情，让所爱的人会心一笑。同时，他人他事对自己也是有用的，如能感受到别人对自己的爱，或者一份美食对自己的诱惑，俊男美女对自己的吸引力。

这是一种"生效感"，我生效故我在。丰富的研究资料告诉我们，如果一个人感觉到自己"不生效"，那他就会感觉到自己完全无能，就像个性无能患者（当然性无能只是"不生效"的一小部分）。如果一个人在很多方面都"不生效"，那他承受的痛苦也就翻倍了。

为了克服无能感，"不生效"者会去做一些不正常的事——吸毒、沉迷工作、做出嗜酒和滥交等各种成瘾行为，甚至于做出残忍的杀人行为。

五官和内心变得麻木，就像动物的触角不再敏锐。人会因为不想忍受痛苦的感觉，而寻求更强的刺激来感受自我，欲望也会变得越来越奇特。

"纵欲无度"很伤人，这种"欲"指的不仅是色欲，还指各种与生理感觉和心理感觉相关的欲望：对食物、对钱、对物质的欲望，比如纸醉金迷、花天酒地、声色犬马之类。

过度刺激迷失自我

心理学家弗洛姆曾经分析过：现代社会中，人们普遍患有厌倦感这种心理疾病，只因为大家都或多或少地患了这种病，所以它往往不易被察觉。大部分人通过参加活动来阻止厌倦感发作，如喝酒、看电视、兜风、参加聚会、进行性行为、服用药品，还有人会拼了命地工作，把自己变成工作狂（这是最不容易自我察觉的病态行为，反而有时会引起患者的自我欣赏）。都市的很多角落都充斥着可以寻欢作乐的场所，人们的闲暇时间总是被其所消费、所掌控。

用这样肤浅的方式来解决心里的空虚和厌倦于事无补，就像吃了一大堆没有营养的食物后，仍旧觉得很饿，那是用暂时的兴奋、刺激、快乐、酒劲或性欲来麻醉自己，没有触及灵魂深处的真实需要，心灵的空洞没有被真正地赋予生机。

设想，我们吃过一些丰盛大餐，也吃过很多粗茶淡饭，哪些使我们长成了健壮的身体？

无需山珍海味，只需真知真味。

所以，欲望不能被过度满足。满足过后是无尽的空虚失落和厌倦感。更有甚者生出怪癖，因为被欲望驱使本就是人之本性。

那就让我们换一种活法吧，凝神聚气、摒弃浮华！去默默地置身于自然之中，安静地观察四季变化，看着门口树上的叶子由嫩黄变草绿，由墨绿变金黄。

培养出敏锐的视力、听觉和心灵方能洞察到自然中微妙而神奇的变化，甚至能听懂鸟儿为什么鸣叫，天地万物在合唱！

不穷炙煿，而足益精神。省珍奇烹炙之资，而洁治水米及常蔬，调节颐养，以和于身地，神仙不当如是耶！食不须多味，每食只宜一二佳味。纵有他美，须俟腹内运化后再进，方得受益。若一饭而包罗数十味于腹中，恐五脏亦供役不及。而物性既杂，其间岂无矛盾？亦可畏也。

——《食宪鸿秘》

爱极必反

天真的孩子本无浮华奢侈的需求，无须过度地满足他们的物质需求，破坏他们原本的质朴无华。如果父母真的有钱没处花，那就捐给慈善机构吧，不要祸害孩子。

现在有些家长拼了命地溺爱孩子，以为"我这辈子受这么多苦，我可不能让我家孩子受苦了"，所以让孩子没节制地享福。

有的家长俨然一副高大伟岸的父母形象，骄傲地说："我要把最好的给宝宝。"你觉得最好的，对宝宝不一定是最好的，这是你的愿望，不等同于他的真实需要。宝宝不需要"最好的"，要的是"最健康的"。

信佛之人会说你让孩子享的是未来之福。如果你让他享了大福，他这一生的福报会在短短几年内消耗殆尽，未来等待着他的就全部是挫折。

从心理学或教育学的角度说，前面的路太顺利了会让人此后经不起一点风浪，变得受挫能力差、抗压能力差。对于别人而言不算什么的事情，努把力就过去了，可到你孩子面前就是挫折，就是翻不过的高山。

如果让孩子想吃的食物都吃到了，让他满意了，他这辈子胃就会变差，吃什么都不香了，这等于伤害了他 30 年到 50 年。

如果让孩子想要的都能得到，他就会空虚，不求上进。

如果你仗势"走后门"让孩子当个班干部，孩子一亢奋，说不定今后能当局长的能力就会消耗殆尽。

别让孩子太高兴、太满意了。

即使家庭条件优越，有能力给予孩子也不能随便给。

虽然《西游记》告诉我们：凡是有"后台"的妖怪都被接走了，凡是没"后台"的都被一棒子打死了，但现实社会不是西游记。

当然，也不是说我们非得回到旧社会，勒紧裤腰穷哈哈，节衣缩食。凡事适度就好，不要太肆意妄为。

我们不是生活在真空中，或者停留在原始社会里，也许满目繁华不容你视而不见，也许环境污染已经遮蔽了天空的繁星点点。

但至少，我们能够意识到这些，不在背离自然的道路上渐行渐远……

大自然像面镜子，能照出灵魂的矫饰和堕落。

案例呈现

F，女，15 岁，辍学。第一次见到她是在北京某五星级宾馆，她的父亲特意腾出做生意的宝贵时间，带她从南方来北京看医生。但是她不愿意来，她父亲只好请我去宾馆见她。而这次她能勉强答应来北京，是因为父亲承诺给她买网络游戏的高级付费产品。即使如此，当她看见父亲把我带了进来，还是冲上前去打他，他特意把手臂露出来让女儿用指甲抠、划。我看见那手臂上还有旧伤。

我只说几件典型事例，来证明父亲对她的宠爱程度。

父亲："我的宝贝女儿要天上的月亮，我不会给她星星。""我还有点实力的，能够满足女儿的要求。""我这胳膊就是让她生气时候用的……"

从 F 开始上网玩游戏，父亲总共花了 20 万左右给 F 买各种游戏装备，而且还要给她在网络中的朋友买。

（续表）

案例呈现

F 在网上结识了一个大她十多岁的男朋友，父亲亲自开着车带她去遥远的哈尔滨与该网友见面。F 见后不回家了，说她已经和"哥哥"是夫妻了（在网上举行的婚礼），父亲只好用钱买通了这个"哥哥"，F 才跟父亲回家了。

F 热衷于网络购物，尤其喜欢国际大牌的鞋。她也不管真货假货，用还是不用，反正刷信用卡，还会在心情不好的时候乱买一通。

我问过她父亲："你有没有担心过 F 会被宠坏了？"

F 父无奈地说："小时候她很可爱的，只是有些任性，不想看见她哭。小孩子嘛，反正想要什么就买什么喽。但她慢慢大了以后我发现越来越不对劲，可是已经没办法了，没想到现在会这么难搞。"

等你感觉不对劲、控制不了局面时，孩子已经"病"了，有时"病"得还不轻。就像感冒，等你发冷，寒气已经入里。所以在孩子幼儿时期，父母就要开始关注他的个性培养，"可爱"有时候也只是小宝宝的"武器"，让你忘了原则的重要性。

这个案例并不极端，溺爱的后果也许有大有小，但无论如何它对孩子的不良影响不容忽视，家长怎么能掉以轻心呢？

养儿并不像某些育儿书里写的那样，女儿要尽量去满足，男孩才"穷着养"，就像人们经常调侃的："男孩穷着养，不然不晓得奋斗，女孩富着养，不然人家一块蛋糕就哄走了。"

其实无论男孩女孩，都需要有智慧、有理性地去爱，只是程度上有所不同。一般来说，专业的心理治疗原则是不主动前去找当事人，这个原则当然是基于治疗效果而做的考虑。但我从工作实践中感觉，对于未成年的孩子，主动登门总比不做努力好，因为很多这个阶段的孩子根本不愿意听从父母的安排来治疗中心。

大自然的教育力

大自然中到处是"为什么"

我们都希望自己的孩子有优秀的学习能力,能去探索和思考万事万物。这些能力的培养不能等到上学以后再考虑,更不能仅仅局限于学校课堂里。而是需要父母从孩子婴幼儿时期起便从细小的事情和游戏中去引导,去渗透在点点滴滴的生活和玩耍里。

我们大可不必刻意为之,重点是要留意身边事物。当然,我们得有心、得用心!知识和学问不会局限在课堂和考卷上,周围所有的事物都是书本,我们要把思路打开,就要从身边开始阅读,要从眼皮底下探索。

> 生活就是教育。
> 游戏就是教育。
> 自然就是教育。

如:我们在野外最常见的动物就是蚂蚁,孩子在旁边用树枝拨弄它们的时候,如果你仅仅是感觉无聊地看一眼,甚至担心孩子玩耍弄脏衣服的话,就不能发挥引导他的作用。

这时候你可以童心未泯地和孩子一起观察蚂蚁的活动轨迹,讨论蚂蚁通过什么来相互交流,一只弱小的蚂蚁发现了食物后怎么去告诉别的蚂蚁,小蚂蚁是否真的力气很小。

爸妈还可以和孩子一起去找找,看蚂蚁们是不是在做同样的事情，或者是否还有别的种类的蚂蚁……

以上这些都是身边小事，类似的事情还可以参考一些人文故事，比如历史上有名的"楚霸王之死"中，张良就是利用蚂蚁嗜糖的特性来组字暗示，从心理上战胜了"楚霸王"项羽的。

关于蚂蚁，可以提的问题太多了，而且蚂蚁的趣事也特别多。当父母提出相关问题，就会引导孩子以某种方式去思考它。

最后当孩子面对一物一事时，就会知道从哪儿开始了解、琢磨事物的本质，从而形成自己的思维能力。

我们最终的目的不是要告诉孩子"蚂蚁是什么"，而是要让孩子学会怎样去思考。

关键不在于告诉他真理的内容，而在于让他进入探索真理的过程。

自然界还有其他类似的无穷无尽的"为什么"，激发孩子的好奇心，鼓励人们去寻找答案。

这便是学习最初的动力和源泉！

我们背着书包上学，是为了解所有和人有关的事物，包括生命、环境、技能、文化等。学习的最高境界是"上知天文，下知地理，中通人文"，而非以北大清华、耶鲁哈佛毕业生自居，也非成为商海精英、官场名流。

学习的最终目的不仅是养家糊口、安身立命，还要让我们懂得如何生活，如何有智慧地去爱、去快乐、去追求，在工作和生活中灵活变通。

> 教只能给予推动，应使学生自己去找到必须认识的东西。
> ——柏拉图

什么是"懒蚂蚁效应"？

日本北海道大学的进化生物研究小组对3个分别由30只蚂蚁组成的黑蚁群的活动进行了观察。结果发现，大部分蚂蚁都很勤快地寻找、搬运食物，少数蚂蚁则整日无所事事、东张西望，人们把这些少数蚂蚁叫作"懒蚂蚁"。

有趣的是，当生物学家在这些"懒蚂蚁"身上做上标记，并且断绝蚁群的食物来源时，那些平时工作很勤快的蚂蚁表现得一筹莫展，而"懒蚂蚁"们则"挺身而出"，带领众蚂蚁向它们早已侦察到的新的食物源转移。

原来"懒蚂蚁"们把大部分时间都花在了"侦察"和"研究"上。它们能观察到组织的薄弱之处，同时保持对新的食物的探索状态，从而保证群体不断获知新的食物来源。这就是所谓的"懒蚂蚁效应"——懒于杂务，才能勤于动脑。

相对而言，在蚁群中，"懒蚂蚁"更重要；同理，在企业中，能够注意观察市场、研究市场、分析市场、把握市场的人也更重要。

在大自然中找到人生的意义

有很多家长在中学阶段煞费苦心地寻找提高孩子学习成绩的方法，无奈孩子对学习没有兴趣。与其到那时千方百计寻找考高分的方法，不如在早期的教育中就使孩子有学习的欲望，有学习的兴趣，体会到获得知识后会有一种无可替代的精神愉悦，像糖一样有甜丝丝的滋味，能够让自己感到充实快乐。据说犹太人在孩子婴儿时就往书上抹蜂蜜让他舔，从直觉上品尝知识的味道，尝到甜头了才有继续和保持的动力。

人是需要对很多事情赋予意义的动物，这样人的生命才显得有意义，才能知道原来自己和一般意义上的动物是有区别的，所以哲学、心理学等学科都在很努力地探求这个问题。

说到底，世间万物的趣味性都是人去发现和发明的，这些意义和解释会让人觉得快乐，觉得自己的存在更有意思，而只有通过学习你才能了解到"人对这些事物懂得了什么或者赋予了什么"，从而激发学习的欲望。

就算是蚂蚁这么一点点的小生物，只要人们通过了解和学习，都会探索出很多有意思的内容。当孩子了解了一个小小生物竟是如此有趣，那么任何一个孩子都不会拒绝去学习和认识蚂蚁，也不会想着在生物课学习蚂蚁的时候开小差打盹，因为他会渴望了解更多和蚂蚁有关的有趣内容，就像等待观看聪明的喜羊羊怎么逃开貌似强大的灰太狼一样。

这就是学习，这就是教育，好的教育不着痕迹，它是我们生活的一部分，是生命的一种乐趣！

父母们担心的一个问题是：我的知识有限，根本应付不了这么多问题。

这没有关系，你可以坦诚地和孩子说："爸爸妈妈也有不懂的东西，我们回家后一起去找答案！"这也是我前面提到过的共同成长所包含的内容。

如果你平时有心力,能够多涉猎,或者本身爱好一些自然万物的知识,有一定的知识储备,能够更大程度地影响孩子,那当然更好。

尤其在孩子的青春期阶段,父母的博学会在孩子心里加分——孩

蚂蚁的哲学精神五部曲

第一部:蚂蚁从不放弃。如果它们奔向某个地方,而你想方设法阻止它们,它们就会寻找另一条路线。它们或往树上爬,或从地下钻,或者绕行,直到它们寻找到另一条前进路线。向蚂蚁学习从不放弃,直到找到一条路线通向想去的地方。

第二部:蚂蚁在夏天就开始为冬天做打算。多么深刻的洞察力!它们不会天真地认为夏天会永远持续下去,所以即使在盛夏,蚂蚁也会积极地为自己储备冬天的食物。向蚂蚁学习,阳光明媚的时候,就懂得去考虑暴风雨的来临。

第三部:蚂蚁在冬天里又想着夏天。整个冬天,蚂蚁都在提醒自己:"冬天不会持续太久,我们很快就能到外面去。"于是在气温变暖的第一天,蚂蚁就会出去活动;如果气温变冷,它们再返回洞里,从不一味地等待,永远会在气温变暖的第一天出去。

第四部:蚂蚁从不搞窝里斗,只要一个洞穴出入就是自己的兄弟,兄弟之间永远是合作伙伴,而不是敌手,无论干什么事都万众一心。比如,一只小蚂蚁,发现一块大食物,自己拉不动,于是便叫来一只二只,直到更多的蚂蚁来帮忙。大家都拼尽全身力气,把东西搬回家后,大家共同享用。它们拥有天然有效的行为规则,保证公正和秩序,规则的核心就是"蚁性"。

第五部:蚂蚁在整个夏天会为冬天准备多少食物呢?它们会竭尽全力储备尽可能多的食物。多么令人叹服的哲学——全力以赴!

子因为敬仰你的才华，他会适当降低自己的青春叛逆程度。

这里的"才华"是指博学，而不是指挣了很多钱，或当了很大官，社会地位很高。

地位和钱在现实中虽然有所作为，可在这样的问题面前还是无用武之地。

当然，如果你和孩子的心很远，即便才高八斗同样也束手无策。

说来说去，有一点自始至终最重要，那就是孩子和你之间的感情到底怎么样？

操作细则：

> ➢ 注意交流时的语言方式，用孩子易懂的话交流，不说学术用语。如：蚂蚁喜欢吃什么呀？蚂蚁会说话吗？蚂蚁迷路了怎么办？蚂蚁搬不动怎么办呀？
>
> ➢ 我只是把可能涉及的内容尽量完整地罗列出来，以上的内容不用面面俱到。

孩子可以学到：
● 语言能力
● 分类能力
● 创造力和想象力
● 思维能力
● 探索能力
● 观察能力
● 表演能力

家长不是一本百科全书，你可以找出自己偏重了解的那一方面，如学理工之人也许偏自然类，学文之人也许偏人文类。

另外，这种交流也没有严格的步骤，无须从头至尾全来一遍。

第四章
不学自然无术

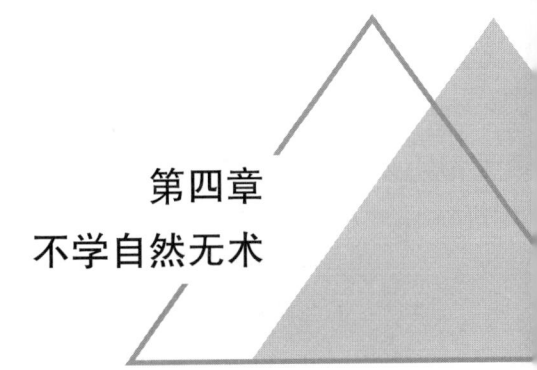

▰ 学习不是为了升官发财,知识也不是商品。脱去庸俗的外衣,努力发现学习的乐趣。
▰ 学习是人与世界、与他人、与自己的对话。
▰ 如果很多东西没学会,你就无法在社会上自立。
▰ 当你拥有广博的知识,你会更加豁达、智慧。
▰ 艺术、天文、地理、文学、医学、生物方面的知识可以提升我们的自我认知。
▰ 爱上学习,挖掘各学科之乐趣。
▰ 我们如果能了解到各学科之间的关联,就能更好地引导孩子发现学习之乐。

我们老得太快，聪明得又太迟，
难道最后除了一声叹息，就剩不下什么了吗？
我们根本不用说："嗐！早知如此……"
如你所知，时不我待！
此时，此刻，此地，开始学习吧！

无数的证据表明，学习是人之天性，是大自然用基因保留在人类细胞中的信息，我们每个人从生下来，就已经携带着学习的细胞。

在大多数人心目中，婴儿是非常无能和幼稚的。其实我们并不完全了解婴儿究竟有多大能力。20世纪60年代以后，由于心理研究技术的发展，心理学家发现了许多此前并不了解的婴儿心理能力，一些心理学家在发表他们的发现时惊呼："我们过去太低估新生儿和婴儿了。"

3个月的婴儿就出现了欲求、喜悦、厌恶、愤怒、惊恐、烦闷等6种情绪反应以及掌握了通过感知来学习事物的能力。

没有学习能力，人不会在一岁左右学会走路。正确地行走需要股二头肌、股四头肌以及腰、腹部肌肉等总共13块大肌肉协调运动。

没有学习能力,人不会在一岁多的时候开始说话,要想发出悦耳的声音,需要喉腔内外那几十条肌肉与唇齿、鼻腔共同作用。人身上最灵巧的肌肉就是舌肌和喉肌。

人,生来就对世界充满好奇心,热爱学习是人的生物本性和生存之本,人也因此能成为万物的灵长。

有人说我们来到这个世界,就是为了学习,这样的说法一点儿也不夸张。

从基本能力而言,人要学习基本的生活技能,掌握如吃、穿、走路、说话等生活自理能力;

随着成长,我们开始学习生存知识和生活技能,获得一技之长或学问知识来维持生活或提高生活质量;

从更高的能力要求而言,我们要学会去爱,去和别人分享爱,给予他们爱等等,让自己的灵魂获得更高层次的愉悦。

所以,我们每个人都该为自己的存在感到骄傲,为自己来一点儿掌声。从小到大我们学会的东西不计其数,我们每个人都是大自然独一无二的精华。何谓"生存",即能够让自己生活下来并维存下去这种生命的奇迹,它有赖于我们从婴儿开始就始终抱着的不屈不挠的精神,探索着周围的未知世界。

就像莎士比亚借哈姆雷特之口惊呼:"人是多么了不起的一件作品!"

这样的态度不算是自高自大,而是对自我生命的欢呼和珍爱。

同样,人不仅生来有"会学"和"学会"的良好天性和能力,而且还能达到"好学""乐学"的更高层次。

有人问北京大学冯友兰教授为什么这么用功治学，他只用了两句话来概括自己："春蚕吐丝，欲罢不能。"钱钟书比喻自己读书和治学是"馋嘴猫吃美食"。林语堂也说过："我读书从来不知道什么叫苦，我也从来不知道什么叫苦学。"

相关研究

一岁以内的婴儿有综合感知能力吗？

研究者同时给4个月大的婴儿看两张照片：一张照片照的是两块石头相碰撞，另一张照片照的是两块海绵相碰撞。在出示两张照片的同时，还模拟声音，但只模拟一种声音，要么是石头碰撞的声音，要么是海绵碰撞的声音。结果，几乎所有听到石头碰撞声音的婴儿，都把目光转向那张石头碰撞的照片，而所有听到海绵碰撞声音的孩子，都把目光对准了那张海绵碰撞的照片。

研究还发现，4个月大的婴儿能把成人发音时的口型与发出的不同元音相匹配，而7个月大的婴儿能区分不同的表情——将高兴或生气的说话声音与说话者的面孔相匹配。

一方面，婴儿的综合知觉是天生的，他们天生就具有把不同的感觉通道同时加以利用的倾向，但并不是说他们对任何不熟悉的事物都能天生地用综合知觉进行感知。

另一方面，他们能从实际生活中后天性地加以学习来进行判断。婴儿通过感觉和知觉来记忆事物的能力真是太强了，大多数婴儿只要见过一次火车，就能记住火车是怎样飞快地跑、怎样"叫"的。即使他只是个小小婴儿。

我想他们的话是真正读书人的话，学习在他们的眼中不需"寒窗苦读"，他们是由衷地体会到了读书过程的快乐，体验到了享受学习的美妙滋味和自由境界。

可是在现实生活中，是什么让学习变成了一件苦差事，令人望而生畏？即使我们普通人达不到大家的读书风范，至少也不要心生厌倦。

怎样才能把学习当成一件让人享受的痛快事？想要做到享受学习容易吗？学会享受学习绝对不是神话传说。让我们先从这里开始。

为什么要终身学习？

要是有人说中国人不重视教育，没有人会同意。"学而优则仕""万般皆下品，唯有读书高"这些我们都耳熟能详，但重视教育的根本目的是什么呢？

孩子天天背着书包去上学，但他知道自己为什么要上学吗？

每个孩子都本能地带着无穷的求知欲高高兴兴地走进学校、走进课堂，渴望通过学习使自己得到全面发展。可随着时间的流逝，为什么许多学生越来越感受不到学习的快乐了呢？

这和最初我们给他们输入的学习观念有关，它决定了孩子学习的原动力，决定了孩子学习是否有持续发展的后劲，以及遇见学习困难时是否有想要克服的愿望。

家长从小告诉孩子要读书的原因。有人可能会这样说（不是明说也是暗指）：

为了出人头地。

为了升官发财。

为了考清华、北大。

为了将来有份好工作。

为了以后能挣钱，有地位

现在的社会不读书将来你能干什么？

我们没读书，就希望你读好书！

当然也有人会说："学习是为了让你更快乐！"

还有最糟糕的一种状况是：孩子不知道自己为什么要学习，他也从来没有获得相关的提示，只是麻木不仁地想着："别人去上学，我也去呗！"

如果你是个天真的孩童，你觉得哪种说法会更容易接受呢？估计大部分人会选择第二种，谁会听见快乐的事情而躲得远远的呢？

那些出人头地的想法，先不论对于孩子是否具有吸引力，年幼的他显然听不懂或者即便听懂也是似懂非懂。那些成年后才会逐渐在社会上慢慢习得的功利和虚荣，孩提对此一概不懂。像网络热议的"五道杠少年"那样，一夜红遍网络，引起人们强烈非议的孩子毕竟是极端个案。孩子是无辜的，只是急功近利的父母把自己贪婪的欲望强加在他的身上，再加上并不高明的操作手段才出现了这样的事件。

如果孩子本来不懂这些功利的含义，父母却这样告知他，那他就会觉得自己是为了父母而读书的。所以说孩子找不到学习的动力，说到底还是不知道为什么学习。

所以，良好的学习基础是先有学习的愿望和动力，否则父母和老师再苦口婆心地劝学也无济于事。

学习不是为了功名利禄

著名历史学家吕思勉曾说："学校的起源，本是纯洁的，专为研究学问的。"

学校本应教书育人，现在却大谈投资和回报，"百年树人"的"低效"又如何跟得上这讲究"时间就是金钱"的商人的节奏呢？

所以说，父母的功利观念不是生来就有的，而是受大环境的影响产生的。

学习让你快乐且有价值

既然学习不是一条简单肤浅的富贵之路，不是一个暂时的应试工具，又不能过分地强调其外在的作用和功效，那学习的内在本真到底是什么呢？

我们告诉孩子——学习让人快乐。但孩子凭什么轻易相信呢？

你说知识是有趣的，可孩子怎么才能体会到呢？

假使我们仅仅停留在言语上，告诉孩子学习会让他更快乐，那他必然无法接受。接下来我们就要采取一些实际行动让孩子切实地体会，引导他们发现知识带来的比巧克力还美妙的滋味。

"我不会"——"我会了"

终于有一天，我不用搀扶，自己穿着冰鞋在冰面上自如地滑行，虽然之前摔过很多次，但我还是学会了，这种感觉真好。

终于有一天，我骑着自行车上路了，不会歪歪扭扭地撞上树，好开心。

终于有一天，我能完整地看完一章童话故事，不会被那么多的生字卡壳，还能清清楚楚地朗读出来，不再需要妈妈读故事给我听。

终于有一天，我能够在游戏机前闯过一关又一关了，虽然难度挺高，还是冲关到最后，在游戏厅里忍不住高声尖叫，好开心。

终于有一天，我不用套着游泳圈，就能在水里自由地舒展自己的身体，像鱼一样自在。

从"不会"到"我会"，从"不知"到"知道"，是充满乐趣的过程。我们不断地重复练习，希望获得进步。功夫不负有心人，最终我们看见了自己的成绩，知道自己的努力有了好结果，就像收获了香甜的果实一样开心。

你最初穿上冰鞋，不就是梦想着滑行的潇洒，甚至可以向同学炫耀吗？

你听见妈妈讲童话故事，是不是就想象自己能完全看懂童话故事？

只有学习才能够让我们梦想成真。幸亏存在这种满足的乐趣，人们才做出努力，才有了想知道、想学习的欲望。

学习永远是一种乐趣，如果我们没有感受到，那一定是出了什么问题。

甚至当我们向旁人自豪地炫耀学习结果，那也是一种乐趣。为了向别人炫耀我们所知道的，也会促使我们学习，这样的炫耀比炫耀名牌衣物岂不可爱多了！

我们所有人都直接品尝过学有所成的甜蜜，可是很多人也许并没有潜心思索过——我的快乐是这样得来的：因为学习，因为努力！我能，我可以！

所以，引导孩子们去发现这种学习的乐趣，让他们意识到"学习是快乐的"比学会滑冰、学会识字、学会某种技能本身更重要。

懂得更多，自由自在

如果很多东西你没学会，就会像一个婴儿，需要时时依靠父母才能生存。

当我们会看地图了，出门再也不怕迷路，带着地图就好了；

当我们会数数了，不用大人陪着也可以自己去买东西，因为我们知道怎么数钱；

当我们会做饭了，父母有事出远门也没关系，我们尽可自给自足；

当我们自己会做针线活儿了，即便爸妈不在身边，我们也能自己缝好衣服上的扣子；

当我们学会走路了，可以自己走到公园里，不用牵着妈妈的手；

当我们再厉害点时，可以甩开爸妈的手，自己跑起来，去追可爱的小狗。

所有的这些事情如果自己不能单独完成，都需要去依赖别人，我们不能随心地做自己想做的事，这样就会感觉手脚被无形捆绑。从小我们便知道"自己的事情自己做"，这不仅是一句自我独立的口号，还是走向自由的必经之路。

如果很多东西你没学会，你就感受不到选择的自由和乐趣。因为你不了解，甚至不知道它们的存在，更别说做选择了。

在我读小学的时候，学校组织了很多学习兴趣活动，涵盖舞蹈、歌唱、腰鼓、绘画、园艺、动物饲养、武术、天文等等。我没有很主动地选择一个兴趣小组参加。事实上是自己有点蒙，不知如何选择。因为不太了解我的兴趣喜好，老师便随便把我安排在腰鼓队，我勉强敲打着腰鼓直到小学毕业。其实在后来的中学阶段我觉得有些遗憾，为什么自己当初没去选择武术、天文或者园艺呢？这些都会比腰鼓更让我开心。可惜直到后来我才了解到那些园艺、天文、武术等看起来不那么通俗的字眼,到底代表着什么东西。

虽然对于选择哪个兴趣小组,其中对与错无关紧要,可如果在生活中盲目选择就会给自己带来麻烦。

我们对职业一无所知,怎么选择自己感兴趣的工作呢?

我们不懂如何去了解对方性格脾性,怎么选择适合自己的伴侣呢?

我们不了解有了孩子的生活意味着什么,如何选择在何时生儿育女的时机呢?

如果我们对一些领域缺乏了解,内心怎么会有答案呢?本来拥有自由选择的权利也都自动放弃了。

可如果我们不去主动选择,而是被动等待,结果可能更糟糕。不知不觉中梦想就有可能和自己擦肩而过,甚至会给我们留下终生的遗憾。

知识丰富,超然物外

上文谈到我们懂得的知识和技能越多,就越能享受到选择的权利和身体的自由,那心的自由呢?

一只骆驼不会思考大漠黄沙的尽头是什么!

一只河马不会仰望牛郎织女星甜蜜的约会!

一只蟑螂不会骄傲它的祖先有着先于人类存在的神奇生命力!

它们没有放心去飞的能力和要求，是靠本能维持着自己最基本的生存。

物质生活同样也只能维持着让我们像动物一样不假思索地活着，供应我们生命，但这对人来说远远不够，我们不甘心自己只是"饮食男女"。我们会思考：有什么可以让我们真正体验到快乐和幸福呢？解决这问题还得靠精神食粮的摄入。

我想，"生活在别处"的境界，就是让我们忘却身边的鸡毛蒜皮，忘却俗事纷扰。

想要忘却，谈何容易！但别忘了，知识就是一根美丽的"忘忧草"。

弗洛伊德把艺术称为"白日梦"，认为这样的梦会把我们从日常琐碎的事件中拯救出来。在白日梦的梦幻状态中，艺术会帮我们去调节平息痛苦和焦虑。

当人们从梦中醒来，心灵就像给洗了个痛快的澡，被生活弄得支离破碎的我们开始重新整合，以一个更加轻松的心态继续去和现实世界打交道。

我想不仅是艺术，天文、地理、文学、医学、生物等都可以是"白日梦"的素材，可以带我们挣脱凡尘俗事，去寻找内在自我。

当然，要想有做梦的素材和做梦的能力，就得投入学习。

在浮躁的社会中，享受寂寞，一个人去知识的海洋遨游吧！

我们去读史，在悠久的历史长河中，你发现自己多么渺小，只是长河中的一个小得不能再小的角色，古今多少事，都付笑谈中，我们这些个小角色的小小喜乐又何足为道？

我们去看天，在浩瀚的宇宙中，满天繁星像是一个个小句点，可我们的地球也只不过是其中的一个句点而已，而我只是句点中的几十亿分之一，那又是宇宙中的多少分之一呢？只能忽略不计了。

所以，当你拥有像海洋一样深、像历史一样远、像天空一样广的知识，你会发现更能放得下当下的痛苦或烦恼，用灿烂的才华做一个精神的贵族。

即使现实有暗黑之夜，但烛光灿然，光照心的一隅；

即便世事倏然，但登高云行，且让纷繁于外。

前文对学习意义的追寻，让我们懂得了学习，那让我们的孩子爱上学习有什么具体的办法呢？

所谓"兴趣是最好的老师"。要想爱上学习，必须有兴趣，必须看见学习之美。

爱上学习

走出校门后，我看了许多和专业没多大关系的书籍，如一些生物学、中医学、天文学、物理学等自然科学范畴的书籍，虽然在校时也会涉猎，但在阅读量和阅读面上还是有限。

而今内心有了些许遗憾。因为在整个以学习为主要任务的成长阶段，自己貌似在捧书学习，却没有真正体会到学习之美和学习之乐。虽然现在有了体会也不能算为时已晚，但如果年少的我能够理解得更透彻，当然会更早地以学为乐，更早地体会知识的魅力。

以数学为例，从小父亲便给我介绍数学之美，说数学是"思维的体操"，是美中之美。我努力地去理解这句听起来很"美"的话，努力地想拥有和父亲一样对数学的那种饱满的感情。但说实话，在整个学习阶段，即便我高中分科学的是理科，依然更多的是为学而学，并没有真正爱上数学。当初对数学的兴趣完全被"从 A 点到 B 点……来回走……花了多少时间"这类的考试题给打败了。

我不敢妄言现在自己对数学有多深的造诣，但至少拥有了一份欣赏的态度，能够更多地体会到数学建模中事物量化过程的抽象简约之美，体会到模糊数学中无限趋近真理之说带给我的无限遐想。

当我用数学做了很多的联想，并体会到它和生活及其他学科或者事物之间的某种联系时，我无疑感觉到了思考和贯通的快乐。这种快乐的体验在心理学上可以称为情感学习体验，我很荣幸能够去拥有一种深层次的学习情感——一种学习的审美情趣。

怎样让孩子更早体会到学科的美丽呢？让我们以引来较多非议、直觉不美，但是基础学科的数学重点谈谈。

爱上学习之学科审美

数学

数学家丘成桐曾经谈及小学时的他数学并不高明。他认为那些千篇一律的练习枯燥无味。这种情绪一直维持到他十三岁接触平面几何，发现利用简单的公式能推导出漂亮且复杂的几何定理后，他开始对数学心驰神往并积极探讨这门科目，尝试靠自己找出有趣的命题，然后利用这些公式加以证明，并沉迷当中，无法自拔。

通常，我们认为美和数学是毫不相关的，很多学生都抱怨数学枯燥无味，甚至数学教师也认为自己教授的学科单调乏味，在这样的情况下，学生学数学和老师教数学时，谁都无法从感情上真正地喜欢它，更谈不上从数学中体会到什么美。

其实学生对数学的学习态度，在很大程度上源于他是否能看得懂数学美在哪里。

数学美并不像自然美、艺术美那样外显，不像美景和美女，让你"目遇之而成色"，一眼望过去就赏心悦目。

数学美是一种极其严肃又雅致含蓄的美。但是学生未必能感受到这些美，这就要求教师在教学中能够把这些美育因素充分挖掘出来，展示在学生面前，让学生去体验。

数学蕴含着丰富的美，有符号、公式和理论概括的简洁美，图形的对称美，解决问题的奇异美，以及整个数学体系的严谨和谐美与统一美等。

> "数学教师作为一个知识的推销员,他的责任就是使学生相信数学是有趣的,使他们感到讨论的题目是有趣的,值得努力去做。为了有效地学习,学生应该对所学的材料感到兴趣,并在学习中找到乐趣,这是最佳的学习动机。"
>
> —— 美国数学家 G. 波利亚

我们可以从以下几个方面尝试做些努力,去引导孩子对数学感兴趣。

增加史料趣事

其实不仅是数学,对于任何学科,教师都应努力去展示所教内容的历史背景。在数学教学中恰当地穿插一些数学史料,可以让基础知识有限的学生看见数学更完整的样貌。

例如,在讲勾股定理时,教师可以先介绍它的诞生背景,介绍有关勾股定理的趣事:

其他星球上是否存在着"人"呢?为了探寻这一点,世界上许多科学家向宇宙发出了大量信号,如人类的语言、音乐以及各种图形等。哇!那么想要与外星人取得联系应该发送什么图形?

我国著名的数学家华罗庚曾建议"发射"一种符合勾股定理的图形,如果宇宙"人"也拥有文明的话,那么他们一定会认出这种语言的，因为几乎所有传承了古代文化的民族和国家都对勾股定理有所了解。

勾股定理有着悠久的历史，古巴比伦人和古中国人看出了特定图形中的这个关系；古希腊的毕达哥拉斯学派首先证明了这一关系。很多来自具有悠久历史的民族和国家的人都会说：我们首先认识的数学定理是勾股定理。

当学生兴趣正浓时，可以给他介绍勾股定理的各种不同的证明，最后告诉学生迄今为止勾股定理的证明有400多种，可请学生再去寻找其他的证法。通过不同方法的对比，可提高学生的数学创造性思维能力，而且让孩子以更宽阔的视野去认识古代文明的数学成就，学会用审美的眼光去鉴赏丰富多彩的数学文化。

公式和理论概括的简洁美与统一美

数学公式是人们运用概念、法则进行推理判断的成果，是数学规律的集中反映，它概括简洁，应用广泛，充分展现了数学美的一种形式、一种意境。

就拿二次函数公式 $y=ax^2+bx+c(c\neq 0)$ 来说，单就公式而言，它可以用来描述自由落体运动的规律 $S=\frac{1}{2}gt^2$，又可以计算圆的面积 $S=\pi r^2$，还可以表达爱因斯坦的质能公式 $E=mc^2$。

从它的图像来看，抛物线可以描述喷水池的水珠外溅的路线，可以描绘小小乒乓球的运动途径，还可以刻画宇宙中天体的运动轨迹。

这万千事物中数和形的变化，没有烦琐的语言描述和铺陈，竟然能统一于如此简单的一个数学公式，真称得上奇妙无比、美不可言。

这样的高度概括和无所不包的境界，用语言是很难到达的。

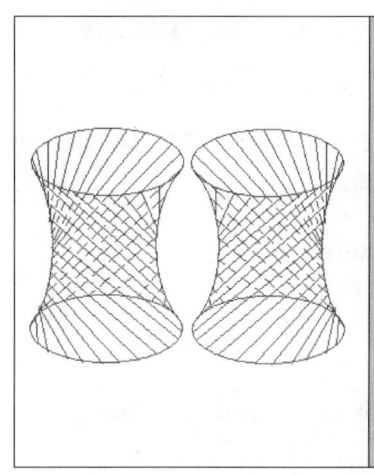

单叶双曲面既可由一簇椭圆生成，又可由一簇双曲线生成，由这个无界的曲面人们可联想到宇宙的广博。

美国有一座天文馆，就建成了单叶双曲面的形状，其设计师就是由彗星的椭圆、双曲线轨道联想到这幅探索宇宙空间的精美图画。更为奇妙的是，它的外表设计应用了单叶双曲面的直纹性，在天气晴朗的时候，阳光沿着两簇直母线将该馆分成两半，上半的阴与下半的阳相对称，这充分表现了设计者极高的数学素质和审美意识。

数学不是数字、符号和图形的堆砌，并没有看起来那么单调和枯燥，却蕴藏着发人深省的数学美。有调查表明，大多数孩子认为数学中有趣的故事和现象，或能够去发现的数学美，会带给他们很多的惊喜和讶异。

于是孩子意识到原来我们的生活中有那么多的东西和数学密切相关，原来数学那么富有魅力。所以寻找素材和方法让孩子知觉数学自身的美丽，可以改变他们对数学固有的偏见。如果我们的孩子因为不了解而简单地否定自己对数学的学习态度，那真的很可惜。

爱上学习之学科趣味

课堂教学和音乐演奏有异曲同工之处，蹩脚的音乐演奏会把最迷人的乐曲搞得一团糟。同样，拘泥于程式化的讲解和引导，也会使学科的光彩黯然失色。

一个爱美但不喜欢化学的女生，如果在化学课上学习蒸馏的时候，老师或者家长曾经告诉过她：这个方法可以用来提取美容精油，是通向美丽之路，你可以尝试用这方法来萃取柠檬、玫瑰或者橙子等的精油……这样会让这个女生对将要学习的化学内容印象加分吗？

一个热爱哲学不好物理的男生，他在物理课上也会听到这样的故事：在普林斯顿的日子里，有一天爱因斯坦在散步的时候突然停了下来，转向同他一起散步的派斯教授，问他是否相信："只有人们在看月亮时，月亮才是存在的？"

根据量子力学的描述，观测行为不仅影响了被测对象，而且创造了它。这样的结论听起来是唯心的，像是佛教说的"万法唯心"，爱因斯坦不喜欢这种描述，他认为无论人去看还是不看，物体都具有客观实在性，就如月亮应该一直"挂"在天上，他还说了一句很有名的话："上帝不是在掷骰子。"

那么，爱因斯坦真的比别人更懂上帝吗？

如果一个热衷社会学的人不喜欢生物学，当他了解到生物学中的很多物种的自然形态是人类的翻版，可以感受到人和万类生物同属自然物的本质，是否会给他带来更多学习的快乐和动力呢？

学过初中生物的都知道，一些昆虫有社群行为，就是团体有明确的社会结构和分工。以蜜蜂为例，蜜蜂团队中有蜂后、工蜂、雄蜂。蜂后在享受蜂王浆的同时，要付出一辈子都不停地产卵、产卵、产卵的代价！不停地繁殖后代。可怜的工蜂和雄蜂只能在幼虫孵化的前几天得到一点儿蜂王浆。蜂后为了抑制它的"人民"，总要不断分泌一种阶级调控信息素，以此抑制工蜂（它的女儿们）的卵巢发育，不让它的女儿们有任何"篡位"的机会。当蜂后衰老或即将死亡时，信息素分泌减少，此时的工蜂才有机会产生能够成为蜂后的下一代。这些公主都要经过激烈的厮杀，最后留下一个，成为新的蜂后，开始新一轮的统治。可见，昆虫的等级制度不比我们人类社会的结构简单哪！

大部分女孩都看过童话故事《爱丽丝梦游仙境》，故事里的红皇后说过这样一句话："你要全速奔跑，但要留在原地。"当你讲解"生物重演率"这个看起来枯燥的理论时，就可以用这句话引导，解释生物胚胎进化的过程。这是"生物重演率"的一个生动写照。

更重要的是，许多女孩长大后都会生宝宝，宝宝在娘胎里会经过图 4–1 所示的生长过程。

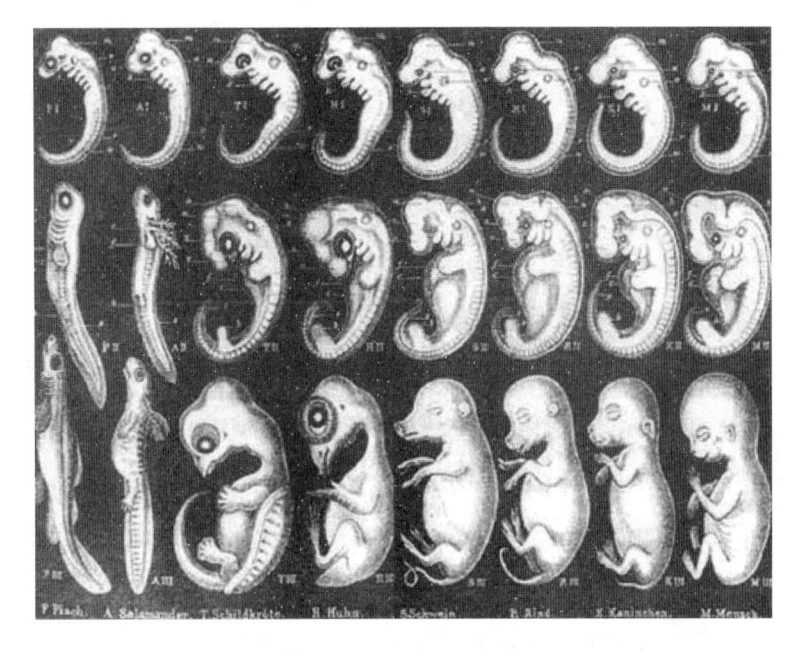

图 4-1 胚胎发育进化过程

很难理解对不对？看，宝宝出生前的胚胎发育，就是在重演整个生物的进化史。

从一个受精卵开始发育，一个细胞，有大有小，就像曾经的单细胞原生生物。

受精卵逐渐长大，长得像鱼、像蝾螈、像两栖动物，胚胎在最后七八个月的时候才有了人的样子。

刚出生的婴儿脑袋都特别大，经过母体外的发育，才一步步地长成我们现在的样子。

所以如果把胎儿发育的各个阶段的照片都拿来看，会发现胎儿的发育就是在重演整个生命的发展史，这不仅仅适用于人类，也适用于大部分脊椎动物。个体竟然与整体如此相似！我们都是宇宙中的一粒沙，但每一粒沙都曾经经历过一个伟大的过程。

所以这就叫："你要全速奔跑，但要留在原地。"

当老师讲"生物重演率"的时候就可以用以上方式告诉学生，这样他们非常容易理解。有趣的是这个定律是德国动物学家赫克尔在发烧的时候想出来的，烧着烧着就想出来了。用他的原话说，就是："个体发育史是系统发育史简单而迅速的重演。个体发育的渐进性是系统发展中渐进性的表现。"

孩子不喜欢地理？他爱吃甜甜的脐橙吗？其实地理学科包含很多有趣的信息。

水果若要好吃，实际上对气候、土质等地理环境要求非常高。如赣南脐橙适合在北纬24度地区种植。那里四季分明，降水充沛，无霜期绵长，有着独特的亚热带湿润季风气候，此外，还需具备"红壤"这一地理环境，红壤是包括脐橙在内的柑橘类果物最适宜生长的土壤，含有丰富的铁氧化物、铝氧化物和石英，有的红壤区中甚至还包裹着富含17种微金属、俗称"稀土"的原壤。

爱上学习之学科之间的关联

不难看出，学科之间一向不是彼此孤立的，它们之间有那么多有趣可爱的联系。学科也不是考试工具，它是对我们生活的提炼和解释。

我们在读书的时候很容易偏爱某个科目,这虽然有个人思维偏好的缘由,但"偏科"和老师的讲解和学识也有密切关系,比如,因为喜欢这个地理老师而喜欢地理,那说明这个老师的课堂风格非常容易接受,教书育人是有水平的。

回忆我们的学习阶段,当我们没有学习兴趣时是不是有如下抱怨:

这些知识学了有什么用呀?和我的生活好像没什么关系!
我只喜欢语文,就是不喜欢生物,对生物很反感。
我只喜欢物理,就是不喜欢哲学。

也就是说:要不就偏科,要不就真的不明白学了有什么意义!

当我们还是孩子、没有那么多的阅历和阅读积累、知识极不完整且零散、弄不清楚物理和哲学有什么关系、不懂美丽和化学之间的联系时,就可能觉得学习很乏味。

老师和家长能做什么去帮助孩子们呢?怎样才能吸引孩子的好奇心呢?

那就是努力让自己的知识面更丰富,知识结构更完整。

我们如果能了解到学科之间的关联,就有能力来更好地引导孩子发现学习之乐,来告诉他们看似风马牛不相及的学科之间的潜在联系,告诉他们生活中学问比比皆是。

这听起来似乎对大人们的要求较高,其实不难,只要在生活中做个有心人就能做到，因为所有学问都源于生活。

正是通过我们所有的衣食住行、繁衍生存、文明进化等人类活动，我们才创造出诸如语文、数学、物理、化学、生物、历史、地理、哲学等传统学科。而且，所有学科之间有着千丝万缕的关联。难道艺术家和科学家之间毫无联系吗？

尽量不让孩子偏科

季羡林说过文理本来相通。

在孩子的早期培养中，要尽量不使孩子偏科。自然科学强调的是"是什么"的客观陈述，而人文学科则注重"应当是什么"的价值内涵。

你能说这两者哪个不重要吗？为什么很多人对这两类学生有些偏见呢？觉得理科生机械木讷，觉得文科生不切实际呢？这和早期教育中学科没有很好地融合是有一定关系的。

当然，要排除一些极端的个案，比如，一些孩子生来就是为某种学科存在的，比如说陈景润，只为数学而痴迷。但他只代表众多知识分子当中的一种，并且还是不太多的那一种，并不代表所有的知识分子。大部分人还都是中间分子，主要的差别还是在于学习上的引导。

个人成长中我们最好既有自然科学的专业深度，又有人文社会科学的怡情养性。努力实现宏观思维、逻辑思维、形象思维的提升，学会陶冶性情，丰富生活，领悟人生。

比如，目前高校表演类专业对考生文化成绩普遍要求较低，这些想当明星的考生中不乏学习成绩不好的人，但如果他们懂一些历史物理知识，对于发展成一个好演员至少是没有坏处的，而且知识的积累对于艺德修养和表演造诣同样有帮助，因为这些决定了演员对事物理解的深度。

所以，我认为教育应该文理并重，应该倡导文理都学，但是不必强求文理兼优。当然，文理兼优的学生确实是非常全面的人才。

还有一个途径能够帮助我们更多而且更快地了解到知识的贯通性和趣味性，就是"读书破万卷"。

我们自己去做有益的阅读，同时引导孩子走入书香的世界。

常言说："没吃过猪肉，还没见过猪跑吗？"但有时更悲惨的就是连"猪跑"也没见过，根本不知道世界上还有"猪"这个动物，这样的狭隘短视只能让我们坐井观天，思维能力可怜地局限在井底的那一小块领域。

就像著名物理学家和天文学家迦莫夫在他的著作《从一到无穷大》中提到的那个小故事：一些探险家证实，在一些原始部落的文化中，不存在比3大的数。如果数字大于3，人们就数不过来了，只能用许多来代替。如果问他们有几个儿子或杀死过几个敌人，要是这个数字大于3他们就只会回答"许多个"。就计数这项技术来说，

跨学科的高人

希腊的亚里士多德，既是哲学家，也是历史学家，又是文学家、地理学家，还是对生物学和医学也有相当造诣的人。

达·芬奇不仅是个艺术家，他也经常观察天体，并早在哥白尼之前就否定了地球中心说；在物理学方面，他发现了液体压力，提出了连通器设想，还发展了杠杆原理；医学方面，达·芬奇描绘出了有史以来第一幅有关动脉硬化的解剖图；他还设计了飞行机械、直升机、降落伞、机枪、坦克、潜水艇、双层船壳战舰、起重机、纺车、机床、冲床、自行车等等。此外他在数学和水利工程领域等方面也做出过重大贡献。

徐光启是我国明朝最优秀的科学家，除翻译《几何原本》《测量法义》等科学著作外，还撰写了《测量异同》《勾股义》等。但他一生倾注心血最多的著作还是《农政全书》。这部书共50多万字，分作60卷、12大类，从垦田、种植、农事、水利、农器制造、树艺、牧养，一直讲到除虫、荒政，是农业方面真正的百科全书。

物理学家费曼不仅研究物理学，还研究语言、桑巴鼓、裸体画、玛雅历史、急开锁（对，就是你忘带钥匙时的那种）、收音机等等。费曼和一个艺术家约定"我教你量子力学，你教我绘画"，后来他成功举办了个人画展，如果你看到市面上有个叫"欧飞"的画家的画，那就是费曼画的。

高分子化学家汪德熙教授不仅对我国原子弹、氢弹的研发做出了重大贡献，还是一位钢琴家。他有着很高的音乐水平，也会调钢琴。

同济大学的老教授、著名建筑学家陈从周诗写得非常好，他的诗集《帘青集》钱学森十分欣赏，曾反复念诵。

诺贝尔奖获得者杨振宁、李政道对科学和艺术都有深刻的见解。

爱因斯坦6岁开始学习小提琴，14岁已能登台演出。

牛顿在剑桥大学获得文学学士学位，还懂力学、数学、化学、冶金、光学等。

> 德国哲学家、数学家莱布尼茨，涉猎的学科范畴有法学、力学、光学、语言学等 40 多个领域。他与牛顿同时提出了微积分。此外，他又是一个外交家，还设计了计算器送给康熙皇帝。
>
> 物理学家玻尔年轻的时候和丹麦哲学教授赫弗丁一起研究哲学，并且指出了后者著作的若干错误。

这些部族的勇士们可要败在我们幼儿园娃娃们的手下了，因为这些娃娃竟有从 1 直数到 10 的本领呢！

这个世界没有大于 3 的数字吗？显然只是这些原始部落中的人不知道而已。

世间万物五彩缤纷，有些不是不存在，只是我们不知道或者没学会而已。

所以，不学自然无术。

第五章
读书是王道

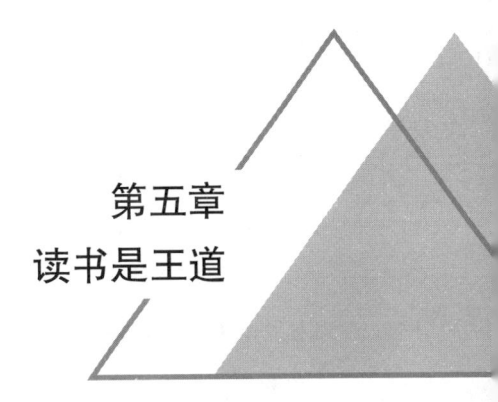

▰ 反阅读和功利性阅读将导致精神"发育不良","唯有用论"只会让人形成狭窄的视野。
▰ 看电视和用网络不能代替阅读,反而会干扰静心思考,增加人的惰性。
▰ 通过阅读向内寻找,那才是我们希望传递给孩子的生活方式和价值观。
▰ 只是给孩子买书是不够的,父母和孩子之间不应该是最熟悉的陌生人。
▰ 鹦鹉学舌式的读书方法并不可取,善于思考才能获得真知识。
▰ 读书令人愉悦。
▰ 阅读时不仅要"过眼",而且要"过脑"和"过心",这才是读书之道。

你希望孩子养成良好的阅读习惯吗？

你自己爱看书吗？

家里有很多书吗？

你会针对孩子的不同阶段挑选合适的书籍送给他吗？

你和孩子有没有交流过书中的内容？

我们应该从小、从早，给孩子培养良好的读书习惯，并使习惯成自然。

学习最好的和最差的孩子可能因为智商的关系产生差距，但"学习超人"和"学习衰人"都不是常态，大部分孩子属于中间那部分人，彼此差距不大。

会不会读书，会不会学习，最终靠的还是家庭和学校的教育和培养。

如果孩子有自觉学习的习惯和兴趣，那他既不会成绩太差也不会感觉学习太辛苦。

什么能使孩子学之随意，学之无意，学之愿意，学之惬意，学之乐意？

那就是帮助他从小养成阅读的良好习惯,让他捧起书、钻进书、爱上书、离不开书,这才是学习中的王道。

开卷有益

联合国教科文组织的调查结果显示,每年阅读书籍数量排名第一的是犹太人,他们一年平均阅读64本。中国人均年阅读图书4.72本。即便是阅读总量在中国排名第一的上海,人均年阅读也只有8本。而中国拥有十几亿人口,先不论教科书,课外阅读量却平均每人一年一本都不到。这个数据也远低于韩国的11本,日本的40本。与早先的调查相比,读书率也呈下降趋势。

据说甚至不少电视台的读书节目开了又关,关了又开,屡败屡战,无奈又不甘。因为读书节目在国内被看作电视台的收视"毒药",市场需求不足,投入与产出失衡,节目被迫"末位淘汰"。

难道中国人真的不需要书籍了吗?

除了人均阅读量较低外,国人阅读还有另一个让人忧虑的倾向,就是"功利性和实用性突出"。据统计,在全国有限的人均购书中,八成都是课本教材,而在各大书店的销售统计中,教材参考、考试辅导类的书籍也占了很大的比重。在书博会上，最受青睐的也是教辅教材、技术培训、时尚杂志等功利性和实用性十足的出版物。

其实，我们在看书的时候首先要排除这样的想法："我读它有什么用？"先不要考虑阅读书里的内容和知识是否会有立竿见影的效果，而应该尽量使自己多看一些不同门类的书籍。

功利性阅读就是阅读的敌人。非"有用"的书不读，而"有用"的定义在这里又变得非常狭窄。只看教科书或教辅书，那不叫阅读，也不叫教育，那是一种机械的训练，会导致读书者精神发育不良。

学习不仅是为了理解书本知识，更重要的是寻求知识本身和身边一般事物所具有的意义。学习是人与世界、与他人、与自己的对话，要想实现这些对话，就得先和书对话。

就像在春天种下果树苗，你不能指望马上就吃上甜蜜的果子一样。但如果因为觉得不能马上吃到果实，就不去种果树，那你永远没有甜果子吃。

只要相信一点：如果你是个勤于阅读的人，随着时间累积，有一天将会发现所有的书都没有白读，它填充在你思维的每个角落，默默地发光。当你顿悟自己和书之间的亲密关系时，将欣喜不已。

所以，我们应该引导孩子只管"耕耘"不问"收获"，尤其在孩子小时候，这才是适合孩子智力发展的教育方法，能最大限度地促进他各方面能力的均衡发展。"唯有用论"只会让孩子找到懒惰的借口、形成狭窄的视野。

教育从阅读开始

真正的教育变化是从破旧的教室搬到宽敞的现代化大楼吗？

希望工程面临的仅仅是解决一张课桌、一所学校的问题吗？

显然不是，这些远远不够。其中教育水准的提高、课堂的生动性、教师自身的成长更为重要。

我曾经去一些中学做过报告，有特殊学校、职业高中和普通高中。给我印象较深的是不同类型学校老师们的状态，非普通高中的老师们在听报告时经常交头接耳，懒懒散散地迟到早退，像是和他们手下那些调皮捣蛋的学生，有着同样的气场，当然他们比普通高中的老师更为辛苦疲惫，有时候也更力不从心。

无论是什么样的学校，有一点概莫例外，都需要高素质的老师和高水准的教学。而且我们不用怀疑那些非普通中学的孩子们是否有求知的欲望，他们年轻的内心深处依然渴望知识，他们和普通高中学生一样需要优秀而且更具人性关怀的老师。

所以，真正的培育和这些教学的硬件设施没有必然关系，学校应该最大限度地保护孩子们的好奇心并开发他们的学习兴趣，并让他们积极行动起来，这样学校才能被称为"知识的殿堂"。而作为传播知识的教师，则需担负起搭建知识殿堂的重要使命。

令人遗憾的是，据媒体报道，一些中小学教师课外阅读非常匮乏，几乎处于"不读书不看报"的境地，跟考试、分数没多大关系的书籍很少碰，工作、生活中少有书香可言。

教师的水平有多高，决定了他能够带领孩子们在知识的路上走多远，而教师如果能够爱自己的职业，能够感受到教学的幸福，才会促使自己不断提升。提升要有养料，获得这养料靠的还是博览群书。

当然，爱书读书这样的事不应从学校开始，应该更早，从一两岁的幼儿期开始，越早开始越好。好的身体可以从父母那儿遗传，可是智慧和思想的获得没有捷径可走，必须通过阅读书籍来促进心灵的成长和精神的发育。

这道理同样也适用于父母亲，要给孩子一杯水，自己应是一条源源不断的小溪。小溪源自何处？源自广泛、快乐的阅读。古人诗云："粗缯大布裹生涯，腹有诗书气自华。""士大夫三日不读书，则面目可憎，言语无味"，教师和父母不读书不仅面目可憎，还会影响我们的未来。

> 学生智力生活的境界和性质，在很大程度上取决于教师的精神修养和兴趣，取决于教师的知识渊博与否和他眼界广阔的程度，还取决于教师到学生这里来的时候带来了多少东西，教给学生多少东西，以及他还剩下多少东西。对一个教师来说，最大的危险就是自己在智力上的空虚，没有精神财富的储备。
>
> ——苏霍姆林斯基

反阅读？

"三屏"真的可以替代书籍吗？

三屏指的是大屏——电视机，中屏——电脑，小屏——手机。

现在的孩子们更喜欢看电视、电影和电脑，既有对话又有画面。有些父母认为，孩子们通过这种方式就能获取全部知识，不读书也行。这是非常非常错误的一种认识。

读书和看电影、电视、电脑无法完全替代彼此！

孩子们的特点是什么？精力饱满、想象力丰富、思维跳跃性强且无拘无束。

电影、电视的确也能够帮助孩子们认识外部世界，但它们在一定程度上关闭了孩子们的想象通道，因为，画面已经给了孩子们一切信息，不需要他们去想象了。这相当于把孩子最珍贵的特长——想象力弃之不用。

比如，我们在看小说和听收音机里的《三国演义》评书时，那些激烈的战争场面都会在脑海里自然浮现出来。而屏幕类学习只需被动接受，无需主动想象，如电视节目镜头跳跃太快，人常常没来得及思考，画面就过去了。

电影、电视只能是孩子汲取知识、开阔视野的一种途径，但不是唯一途径！对于孩子而言，再美的画面也没有他自己想象出来的完美。

所以，尽管在某些方面文字不再独步天下，影像在一定意义上变为新文字、新语言，成为生活必需品，但是，这并不代表文字的细致、缓慢、迂回、委婉、深远与完整，会轻而易举地被影像的直接反应、快速生死、粗略片面所代替。

看电视和用网络不能代替阅读，反而会干扰静心思考和养成惰性

有研究理论表明：伴随电视成长起来的孩子，注意力集中的时间越来越短，缺乏文字欣赏和创作的能力；他们更加追求快速的变化和行动，而不再有意于沉静的思考。

电视虽然节约了孩子的神经能，但同时又容易养成孩子的惰性。

不同的大众媒体对人的认知能力和思维习惯能够产生不同的影响。

文字的特点是具有滞留性，白纸黑字，历历在目，可反复阅读思考，不受时空的限制，又可以长期保存，随时复查，相互比较，在表达上更要求准确性和较严密的逻辑性，这不像电视屏幕即便信口开河也可一带而过。

电视使人对信息的接收变得更轻松，它可以同时刺激人的视觉和听觉，使人有身临其境之感。相对白纸黑字来说，色彩纷呈的屏幕形象更容易使人兴趣盎然，而且接收时更不费劲，注意力不用太紧张，所以使用多媒体可以帮助教学，但如果过度依赖声像媒体，

却会降低人的思维能力。

这个道理很容易理解,当信息接收总是那么轻而易举时,即便它节约了接收者的神经能,自然还是会影响大脑的内部加工能力。就像你去某个地方总是走捷径,这样你的方向感和找路的能力就会很差。

既然电视等有声有色的媒介信号接收起来更不费力气,孩子自然更容易接受电视和电脑。所以我们在引导孩子时得有意识地培养他阅读书本的习惯,把他拉进书的世界,而不是让他本能地和直觉地喜欢声像的世界。

经受众调查发现:知识层次越高的人看电视的次数越少。他们"抵制"看电视而拿出更多的时间去读报读书。大概在他们看来,一瞬而过的电视图像很难训练人们的思维能力,同时也难以满足他们对较深层次的文化的追求。

凡是数字产物,都会不可避免地释放一些有害人类健康的辐射,阅读纸质书籍则完全不必有此担忧。而且,利用电脑等媒介进行阅读,因为这些媒介往往有其他娱乐功能,所以很容易让人分心,何况孩子本身注意力就不容易集中和维持。

纸质书的作用比较单一,阅读环境更纯粹,能够让人静下心来阅读,因此更容易使人理解与消化书中内容,还能深入地分析和品味。

所有的电子媒介,如手机、电脑等,更新换代神速,让人眼花缭乱。如手机的功能不断在更新,功能太多太全了,以至于多到让你都不知道有哪些功能,最后也许只有一个功能最管用,那就是炫耀功能，到哪里都引人注目。

这些电子产品总是走在社会物质化的最前沿，浑身散发着商业文化的喧哗，它的特点是指向外在探求、追逐、攫取，甚至倾销。

而传统的纸质阅读是让人去寻找内在，寻找突破和超越的真正途径，这是人类几千年来的习惯。对于很多人来说，散发着墨香气息的传统读物独具文化韵味，这是数字化书籍所取代不了的。拥有一间书香满架的书房是多少文人亘古不变的梦想呀！

捧一本经典读物，端一杯清茶，静静阅读，通过阅读去寻找内在，获得生活态度——那才是我们希望能更多传递给孩子们的一种生活方式、一种价值观。

阅读和电子游戏

记得某年春节联欢晚会，一个女孩在舞台上将百家姓倒背如流，她的记忆力一时令人震惊，观众惊为天才。但当主持人询问她如何理解一些简单的句子时，这女孩完全说不上来这些句子到底有什么意义。

难道不懂这些句意就不能去背诵吗？当然不是，当她长大就能懂得文章的含义，只是不必把这种背诵行为刻意提到一个高度，像是去赞赏一种立竿见影的"学习效果"。

这不是学习，这些知识只是进入的头脑而已，它们不曾碰触到她的心。说到底这就是一种舞台表演、一场秀，而且会误导人们对

"学习"的理解。

现在很多家长会为孩子玩电子游戏而无奈，与其在后来大伤脑筋，不如在早期把"故事"、"游戏"和"快乐玩耍"还给童年。你可以随便翻开一些专家写的儿童教育方面的著作，它们无不强调快乐学习的重要性。甚至，这些专家认为孩子的专职就是快乐，如何玩得开心、快乐，才是教育的根本。

所以，收起急功近利的心，不要用分数、名次，能背几首唐诗、能认识多少个字去衡量孩子，一味地给他灌输书本知识。不去从小培养孩子读书的乐趣，这样当他精神"饿了"怎么办？

孩子如果肚子饿了，知道赶紧进食来缓解，可是精神饿了，往往不容易发现，等发现的时候已经有点晚了，那时已经精神发育不良了，急需"食粮"来填补内心的空虚和恐慌，他就可能陷入沉迷网络游戏、结交不良朋友等问题，偏离正常发展轨道，这和一个人饿得太厉害了饥不择食是一个道理。

所以这些外在的"学习效果"会把孩子们从正常学习道路上逼走，逼着他们去和电视、电子游戏做朋友。等到孩子们和这些"朋友"形影不离的时候，再分开就很难了，所以家长应该尽可能在早期就让孩子们和"书"交朋友。

尤其在孩子十岁前，尽量少让他们接触电脑，不要着急去听什么"新世纪人才必须会玩电脑"这样的说法。电脑是个工具，孩子有的是时间熟悉这个应用工具，不存在会落伍于时代的危机。但是，错过了培养孩子良好的学习习惯和思维习惯的关键期和敏感期，那就失去了宝贵的教育机会而无从弥补。

什么叫"先入为主"？我们先着眼于让孩子养成读书的习惯，先培养阅读习惯，纸张书籍有利培养逻辑思维、独立思考和静心专注的能力。一旦孩子习惯了快节奏的事物，再要他静下来读书、做事就很难了，至少先让孩子有了某些能力，再让他玩电玩（电玩也是可以培养反应等能力），这样他才能同时具备两种不同的能力。

孩子能够尽早在生活中构建美丽的精神家园，他们就不会轻易迷恋网络和电视这样的虚拟家园。即使他会喜欢网络和电子，也不影响他照旧爱书读书。形成阅读习惯后，不去阅读他总会觉得心里像少了些什么，因为他有强烈的精神饥饿感，他会不时惦记要去看看"书"这个朋友，去打理属于他的精神家园。

只给孩子买书是不够的，父母和孩子之间不应是最熟悉的陌生人

千万不要以为买几本书丢给孩子，生硬地给孩子布置任务，要求他在多少天内读完，这样就完事大吉了，这种方式有时除了引起孩子的强烈反感外，没有任何益处。

我们要和孩子共同阅读，尽管很多父母可能觉得没有这个时间和精力。

其实不然，这样的努力是非常值得的，想让孩子愿意接受你的

管理，就要点点滴滴地积累努力。这会儿多下功夫，往后就省事了。

现在不少父母和孩子虽然天天生活在同一屋檐下，但都是"最熟悉的陌生人"，夫妻之间陌生，亲子之间也陌生，各自不知道为生活如此奔忙所为何事，忽视了身边的亲人，还认为所有的辛苦劳累都是为了家人。

比如说，有些孩子的父亲在孩子的成长过程中长期缺席，一年到头和孩子说不上几句话。孩子出现问题，父亲却觉得委屈，自己在外拼命工作就是为了孩子，却是这个结果。如果真想对孩子产生好影响，就从现在开始尽量多和他在一起，培养共同的生活兴趣和习惯。网络成瘾的青少年有一个很大的诱发因素就是父爱缺失，彼此之间没有交流，心灵没有沟通。

敞开心扉去交流，本身就是一种生活方式和生活态度。

本书的很多地方强调了亲子之间的情感交流是重中之重，也谈了一些方法，下文所说的共同阅读也是重要方法之一。

有很多父母疑惑自己和孩子根本没什么可说的，那么可以尝试和孩子共同讨论书中的内容，这就给彼此创造了交流的话题，是形成孩子和父母之间"对话习惯"的良好机会。

对于孩子们读的书，父母最好抽出时间来做一些了解，尤其是某些经典的书籍，应该在孩子读书以前通读一遍，以便与孩子交流心得。这种对话不仅可以开阔孩子的视野，提升孩子的认知能力和心理素质，也可以提高孩子对知识的兴趣。

所以，孩子的阅读不仅是孩子的事情，和孩子共读是一种真正意义上的共同生活。这样会让孩子觉得自己和爸妈之间有共同语言,他也拥有和父母同样的话语权,甚至会富有乐趣地创造一些只属于你们之间的密码。

"能够和家长对话"的条件对孩子是很有诱惑力的,同时,它对家长而言也是一种快乐。要知道孩子们由于不受任何局限而常常语出惊人,令人感叹!父母不由得感叹自己老了,思维开始僵化,从孩子灵动的思路中却能发掘出许多生活情趣。

这是一种无可替代的情感交流,这样的交流会伴随孩子一生的漫长旅途,使孩子获得智慧的积累和情感上的快乐。

需要注意的是,对孩子,千万不要居高临下地否定你不同意的观点,即使是你非常厌恶的观点。如果孩子能够自圆其说,你不妨也了解一下。但如果孩子不能自圆其说,则可以攻其漏洞,引导他认识自己的不成熟之处。

这是一种思维训练和观点碰撞,切忌把它变成一种生硬的说教,去指责或者揶揄孩子的幼稚可笑,同时阻断他独立思考的习惯,恰如"尽信书不如无书",鹦鹉学舌式的读书方法并不可取,能够适当地和作者、和长辈"讨价还价理论一番"才能获得真知识。

阅读令人愉悦

上文我谈了很多读书的好处,但不要把阅读看成一件伟大神圣的举动,似乎一个爱书之人多么高尚。这种理解是误会,这样理解,便无法深入读书的本质，反倒使读书成为一种给自己"贴标签"的行为。又怎么能去理解书中潜藏的做人做事的道理呢？

生活中很多人再三表明自己是信佛之人或居士，其中不仅有笃信宗教的善男信女，也不乏"号称信佛之人"，后者言必及佛，似乎这样就给自己披上了一件比普通人更善良和特别的外衣，更值得交往和信赖。其实不然，也许他比一般人更工于心计和不择手段。

读书这件事亦通此理，说自己是个读书之人，会显得这个人更有品位、有内涵吗？我曾经在上社会心理学这堂课时，听到老师笑谈：有些初相识的男男女女都喜欢说自己的爱好是旅游和读书，其实这女生最好逛街和吃零食，这男生最好睡觉和打游戏。

所以，在引导孩子时，我们应该记住：能激发读书热情的方法不是强调读书的有用性，如为了取得文凭等；也不是标榜读书有至高无上的价值，有多么高尚；而是强调读书时的愉悦性。那是种纯粹的愉悦，不掺杂任何杂质的愉悦。

当然要达到这个层面，对阅读也是有一定要求的。读书和游泳可以拿来一比，读书像是游泳，要真正得到戏水弄波之乐，你可能得熟练这个技能，要懂得换气和划水。如果你只是穿好泳衣，靠在池边，泡水消暑，或者憋口气游那么几下，这个乐趣恐怕要大打折扣，而这种状态就像是读书的"浅阅读"状态，最终无法得到识得水性的自在感受。

浅阅读？

你的阅读在哪个层面？是否过眼，过脑，过心？

作为父母的我们，静下心想想：

自己平时爱看什么方面的书籍？

可能会有不少人说自己喜欢看言情和武侠等类型的小说，这是好多人都会看的书籍。但如果只对这样的书籍感兴趣，会有什么后果呢？

很多人知道阅读面太过狭窄会导致知识结构单一，其实还有更令人烦心的一点，那就是它会破坏我们的思维，让我们形成一种"浅阅读"的阅读习惯和思维方式。

这样的小说只需要我们泛泛而看，无须精读，你可以一目十行，也不影响你把整个故事情节和内容看个明白，它将以最快的速度满足你的江湖梦和爱情梦。恰如吃快餐，你快速拿起餐具，很快吃了个饱，可是吃完以后，获取的营养微乎其微。

现在的孩子也有很多从初中以来一直在看武侠、玄幻等类型的小说，浪费很多时间还是其次，主要这些小说会使人的思想变得很肤浅，并且让人无法专心学习，迷失在成人童话的"温柔乡"里。

这样"泛泛"的阅读习惯还会影响我们的思维方式，影响我们对其他学科或课本的态度，而那些知识是无法像此类小说一目了然的,你必须沉下心"细嚼慢咽",深入钻研,方能透彻,吃到"营养"。

同样,也有人存在读书种类和知识结构过于单一的问题,感兴趣的书籍已经翻烂,不感兴趣的书籍只字未看,一旦经过那么多年形成了这样的阅读兴趣,再来培养新的兴趣,难度会较大。

所以我们在培养孩子的阅读习惯时应该有一些方向,所谓"父母走过的弯路,不让孩子再走"。既然这样的习惯会带来一些问题,我们可以早做打算,让孩子阅读时不仅"过眼",而且要"过脑"和"过心",这才算相对圆满周全的读书之道。

当然,偶尔让一些浅显易懂的闲书"过过眼",就像吃一顿快餐满足一下嘴瘾,也未尝不可。以轻松愉快的心态消遣得个乐,也是种生活态度,只是不要只知其一,不知其二。书中有娱乐消费品,也有精华珍藏品,让我们和孩子们一起兼容并蓄吧!

引导孩子的阅读方向

如果我们不希望孩子天天看言情小说或玄幻小说,那么我们希望他看什么书?而今图书大厦和网络商店上到处书海茫茫,可真正值得反复阅读的图书越来越少。为了迎合大众的兴趣,某些书籍开始变得字少、图多、道理简单、故事多、观点很古怪。一本经典的图书,可能需要很长时间的经验积累和思考,再经过反复的修改,才能最终成书。但现在这个社会大家都很浮躁,带来的结果就是书籍的质量越来越差。

所以，如何选择书籍是个问题，虽然网上有畅销书排行榜，但大家都知道那些书好多是通过各式各样的书托和渠道炒作出来的，并不一定有多少的知识信息含量，所以不能听见别人说什么书好就选什么。

以下仅仅是针对孩子的阅读做一些选择建议，主要方向是两类：科普类读物和文学读物，因为我个人觉得文学读物是基础，可以陶冶性情和发展良好人格，还可以获得自我疗愈的效果。

早期阅读科普读物，不仅会帮助孩子开阔眼界，增强学习兴趣，而且能给孩子铺垫广泛的兴趣爱好，让丰富的知识内容充实他小小的心灵，从而帮助孩子成长为一个生动有趣的人。

什么是科普？

科普是用生动有趣的语言讲述科学道理，让门外汉懂得科学的奥秘的知识传播方式。科普不仅要通俗，要是少部分专业人士深入研究的结果，要让我们普通人能够理解；而且叙述要有文采，让我们在阅读的时候饶有兴致，产生了解的欲望，有阅读的快感。

我大概看了些目前市场上的科普书籍，发现有些作品确实是拼凑出来的，"言之无文，行之不远"。比如说，某本"科普"读物把"时间"比作"伯伯"，把"土壤"比作"妈妈"，把"光"比作"小伙子"，这就叫"科普"吗？

显然不是，从我们前文对科普的描述看来，这种体裁对作家要求是很高的，既要有灵活运用语言文字的能力，而且要求具备专业领域的学问，否则科学精神的培养无从谈起。

功力深的人写书犹如厨艺精湛的厨师料理，能把平常的材料转化为可口诱人的佳肴。

美国的科技水平一流。在美国人的观念中，撰写"科普"著作比撰写"科学"著作要求更高，所以科普作家和科学家一样，受到公众的普遍敬重。

而据调查，一些国内的专家不屑于去做科普工作，觉得那是小儿科，没有什么分量，这是种认知和观念上的错误。越能够用平易近人的话告诉大家高深莫测的道理，越见其功力深厚！

就像一些文学作家，当他的语言磨炼到一定程度，他就不会再用华丽的辞藻堆砌苍白的文字来掩饰空洞，而会用简单的字句表达意味深远的境界，让你余味无穷。

我个人认为，科普的落后还与过去教育的文理分科有关系，这样人为的割裂必然造成知识结构的不完整。事实上，很多自然科学专家没有能力用有趣生动的语言来阐释科学精神，他只能一本正经

> 两个生物化学系的学生在实验室做实验，这时，有个身材丰满曲线玲珑的小师妹从窗外面走过，老成持重的大师兄看到小师弟脸上痴呆的神色，很不屑地说："她跟我们一样，百分之七十五以上是水。"
>
> 小师弟依旧神色痴呆，说："是的，可是你看看人家的表面张力！"
>
> 许多年后，大师兄做了科学家，而小师弟则成为科普专家。

地坚称那高高在上的学术就是科学原貌，无奈缺少一份人文积淀和素养去表达他的思想和学问。

其实科学家也可以有很高的人文素养和幽默感，并不一定是不解人事的书呆子。

通过跨学科的学习，融会贯通，了解知识的共性，从而形成自己的思维模型，将之运用于自己的主业。当你开始尝试跨学科学习的时候，便可以站在许多高人的肩膀上进行思考。

老子认为道生一，一生二，二生三，三生万物，宇宙和地球的运转，存在一个共通的法则和道理，接触的知识内容越多，就会越有这样的感触。

你看，张三丰能够从山川中领悟武艺的精髓，华佗能从动物的动作和神态中发明"五禽戏"来强身健体，人类发现蝙蝠在夜间自如飞行并最终根据此发明了雷达。

个人的知识体系，就像拼图游戏。当我们学识很浅的时候，我们会觉得每个学科知识都是独立而零散的碎片，但当我们掌握到一定广度和高度的知识后，就会拥有一种完整的智慧，能窥见知识动人的全貌，知道碎片的特性，最后能将其拼成一个整体，从而体会到学习的快乐。

拼图是迷人的游戏活动，谁说学习就不是游戏活动呢？学习完全可以具有游戏精神，去看看那些好学之人拥有的自由意志和放飞的内心，以及那生机勃勃的生命展现。

看看蹒跚学步的孩子吧，脸上充满生气，歪歪扭扭却还不忘自得的可爱模样，叫人忍俊不禁。一个小生命就这样开始向前迈步，展开他迷人的人生之旅了。

生命的快乐和充沛，在孩子的学习中会像折扇一样缓缓展开。

有趣的科学研究

- 通信领域的跳频技术由作曲家乔治·安太尔与好莱坞女星海迪·拉玛发明。
- 光学三原色（红绿蓝）原理的奠定者是美国科学家奥格登·鲁德和获得诺贝尔化学奖的德国科学家威廉·奥斯特瓦尔德，他们都是业余画家，原理则是受到了印象派大师乔治·修拉的启发。
- 世界上第一台可被编程的机器是一台提花织布机，发明者法国人约瑟夫·玛丽·雅卡尔的无心插柳使得计算机的出现成为可能。
- 芯片制作的技术来源于蚀刻版画、丝网印刷法和光刻法。
- 诺贝尔生理学或医学奖获奖者法国外科医生卡雷尔从花边制作的针线活中得到启发，发明了血管缝合术，并大大提高了器官移植可能性。
- 心脏起搏器是从节拍器改造而来。
- 摩尔斯电码的发明者莫尔斯和第一艘海上蒸汽船的发明者富尔顿·罗伯特都是著名画家。
- 建筑师巴克敏斯特·富勒设计的圆形穹顶为医学和微生物学了解细胞与病毒的结构提供了新思路，甚至让三位化学家预测并发现了新的碳60，还将其命名为"巴克敏斯特富勒烯"。

第六章
享乐和发展

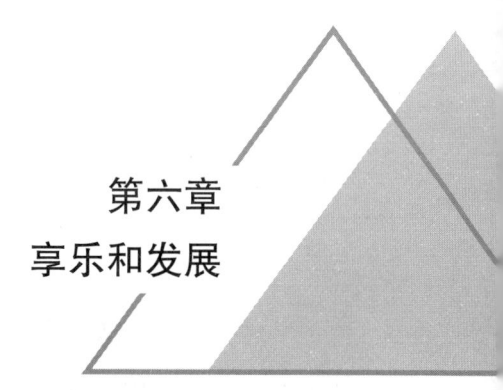

▶人在游戏时脑电波处于 α 状态，这是与禅修催眠相同的状态。

▶玩游戏可以预防心理问题，也可应用于心理治疗。

▶幼年期缺乏游戏的经验将导致成年后的社会适应不良。

▶幼儿在游戏中享受的程度越高，对自由的体验越强烈，由游戏所带来的发展收益就越大。

▶自然游戏渐渐远去，带走的不仅是纯粹的快乐，还有健康的身体、人与人之间的密切合作、人与自然之间的亲密接触。

▶自然游戏中成为"老大"的人物，需要综合素质和魅力，并非仅靠"级别高"就能受人仰视。

▶现在缺的是什么游戏？自然游戏与非自然游戏的七大"对决"。

人人都离不开游戏

研究表明，脊椎动物中的鸟类和哺乳类都有游戏行为。比如我们日常可见小狗喜欢玩球，小猫喜欢玩线团，猴子喜欢玩荡秋千。而且研究还发现，懂得玩复杂游戏的动物，其大脑也比较发达。比如海豚、黑猩猩、鹦鹉、大象、北极熊等，它们的游戏相对比较复杂，这表明它们智商较高。此外，一些必须依靠群体狩猎捕食的动物，如狼、狗、狮子等，它们组织内的个体之间的联系相对比较密切，它们玩游戏也玩得精彩。

动物的游戏是浪费精力和时间的吗？绝对不是。

动物玩游戏是对未来生活的排练或演习，有利于它们从小熟悉未来生活中必须掌握的各种"技能"，以及它们未来在动物社会中将结成的各种关系。正是在游戏中，动物们知道了自己能力的高低，知道了自己在种群中可能达到的地位，如，猴子通过多次的跳跃游戏，弄清楚了自己究竟能够跳过多远的山沟。

同时，动物天生有娱乐精神。越是进化程度高、智力发达的动物，这种"自我娱乐"天性越强。这种天性是动物的一种自我保护的本能。因为通过游戏活动，动物能在紧张的竞争生活中得到生理和心理上的调剂。

此外，动物在游戏过程表现出的创造性、自我限制能力、谋略行为……十分让人费解，动物学家们也没有完全弄明白。如两头幼狮在搏斗厮打，一头幼狮斗败而逃，另一头则紧追不舍，猛扑上去，把对手压倒在地，露出利齿，像要撕咬对方的喉咙……其实它会控制自己的力度，使其仅限于游戏，而不会置对方于死地。它如何做到如此自制，科学家也不知道。

所以，"玩"是包括人在内所有脊椎动物的专利。人更懂得玩，更能玩出花样，人类游戏的意义当然也是基于以上所说的，但同时更为深远复杂、更有创造性。

人类游戏的范围极其广泛，如正规的竞赛类活动（足球赛、乒乓球赛等）、日常的规则游戏（捉迷藏、抢椅子、下棋等）、休闲活动（爬山、旅游等）、和孩子一起玩的游戏（亲子游戏、和孩子一起疯等）、消遣活动（打牌、打电脑游戏等）、节庆活动（赛马会、泼水节等）及其他兴趣类活动（听音乐、自由绘画等）。

游戏的功效

人在游戏时的脑电波

当你累了，躺在床上休息，进入了一种放松的状态，可以肯定

> 我们每个人都有一种"最佳的学习状态",它出现于"心跳、呼吸频率和脑波流畅地同步之时,此时身体是放松的,而头脑注意力集中并准备接收新的信息。"
> ——心理学家罗扎诺夫

的是:这种状态虽能让我们远离外界信息的干扰,但它谈不上专注;而当你埋头考试或工作时,你会进入全神贯注、高度专注的状态,此时你神经紧张无法深度放松。

但如果我要你同时进入这两种状态呢?既想深度放松同时又高度专注,这听起来有些矛盾吧?

是的,在生活中很多时刻要想两者兼而有之,使这两种情况完美地同时呈现,可不是轻而易举的。但矛盾事物总有统一的时候,这就是下面我要描述的。

我们在游戏时,就能进入这听起来似乎不甚相容的境界,这时我们的身体处于一种特别放松的状态,这种放松并不是准备去睡觉时的昏昏然,反而是一种"放松的觉知"。此时我们大脑活跃,灵感不断,脑电波处于 α 波状态。

这个 α 波状态是对学习最有利的"频率",要想轻松高效地达到良好的学习效果,很重要的一步,就是使每个人在"适当的波长"上学习。

处于 α 波状态时,脑内分泌"脑内吗啡",让人觉得愉快,并且会提高神经细胞之间信息传递的速率和效率,人的身心一体。这种信息传递的变化也会影响体内免疫细胞,促进人的身体健康。

在这种状态下,人的内外融为一体,现在和过去连为一体,人的思路变得特别流畅，神经细胞之间常常催生新的连接，为创造性地解决问题提供了条件。

同时，脑的各部分处于协调工作的状态，意识和潜意识之间消除了阻隔，人成为一个完整的存在，所以游戏也能催生人的潜能喷涌的状态。

大量的研究课题显示，为了有效地学习，我们甚至可以通过某些方式将大脑调到 α 波频，而听音乐是其中最有效的手段。

美国纽瓦克工程学院（现为新泽西理工学院）的两位教授，曾调查了在市场推出热门商品的企业负责人，并将其推出热门商品的来龙去脉做成报告。报告结果指出，开发出畅销产品的负责人，大多数是私底下借由自我控制法或是冥想法来达到 α 波的强化者，或是传授强化 α 波方法的研讨会的参加者。

与游戏相通的禅修和催眠

事物之间都是相互关联的。在游戏状态中，我们同样可以品出禅修的意味。

禅修并不是什么高深莫测的境界，不是诸佛或上师由外界安插到我们内心的某种东西，也不必耐着性子紧绷身体在那儿打坐，一味地执着于静坐静修。

我们所有人都拥有禅定的能力，它已然存在于心，只是我们没有很好地应用它而已。就像一个开悟的禅师入圣之后，仍然必须过一个平凡人所过的生活，做平常人所做的事，而不是四处施展他的

> **大珠慧海禅师与源律师的对话**
>
> 源律师问:"和尚修道,还用功否?"
> 师曰:"用功。"
> 曰:"如何用功?"
> 师曰:"饥来吃饭,困来即眠。"
> 曰:"一切人总如是,同师用功否?"
> 师曰:"不同。"
> 曰:"何故不同?"
> 师曰:"他吃饭时不肯吃饭,百种须索(思虑);睡时不肯睡,千般计较。所以不同也。"
> 律师杜口。

"神迹"。

所以,禅意不在别处,就在日常起居当中。只要是做到专注一境不散乱,保持放松而且敞开心扉的状态,那么一切行、坐、住、卧,都可以成为禅定状态。甚至我们专注地工作,有觉性地做事,那也是禅修。

由此可见,禅定指的是一种深度放松又高度专注的状态,只要一直保持这种状态,无论静动,都是禅定。禅定正是在进入状态时与游戏相通。

还有一个状态也与游戏相通,那就是催眠。没有人能完全说清楚催眠术到底是什么,但不影响我们去用它。催眠状态是一种注意力高度集中的精神状态,给人一种专注的力量,这种力量可以带领我们进入潜意识，而不像平时那样，大部分时间由意识主导。意识会对自我有要求，而潜意识才是内心真实所在。

催眠，可以改变脑电波状态，让人从清醒状态即 β 波状态，进入 α 波状态，在意识和潜意识之间架起一座桥梁。

当你看见一个天真孩童心无杂念地投入游戏，他就是在禅修，这就是一幅充满禅意的画面。

专气致柔，能如婴儿乎？

一个简单的游戏状态，就有如此多的内涵，居然能和貌似神秘的禅修、催眠、冥想等有异曲同工之妙。不仅如此，孩童的游戏状态更因其纯真天然，不着一丝污迹而益发显得珍贵。

所以，我们还有什么理由不让孩子尽情地投入游戏的世界呢？

当然，游戏不仅会让孩子有处在 α 波的良好状态，而且对孩子

一般人认为，坐禅、瑜伽时的冥想才是真正的冥想。但是东方医学所说的冥想并没有一成不变的模式，更没有大脑"必须入静"那样的困难。

大脑自由想象，自觉"心情舒服"，这也是冥想。例如，老年人想孙子，想自己最喜欢的人，也属于冥想。令人感动的事情、美丽的景色、音乐绘画等艺术、小溪的潺潺流水、婉转动听的鸟鸣、大海的涛声、风声……都可以使人心旷神怡。有的人听机场、海港的噪声也觉得心情愉快。能够导致产生 α 波的东西都是冥想的材料。泡在澡盆里感觉心情舒服也是一种冥想。

午休的时候，想着令人高兴的事进入蒙蒙眬眬的状态也和冥想一样。我所创造的冥想与小孩子对自己喜欢的事入迷的状态非常接近。

——日本学者春山茂雄

的成长也具有现实的意义和强大的推力。

游戏可以预防心理疾病

掌控世界的力量

我们知道,儿童在现实生活中,更多的时候是被大人所控制的,没有自主权,没有发言权,人微言轻,儿童生活的世界是由年长者的意愿和习惯所构成的。

这个世界对于儿童来说,理解起来比较困难。因此,他们自然地找到了游戏,在游戏中他们能顺利地实现自己所有的想法,世界被同化到了游戏之中。唯独游戏,是一个完全属于他们自己的世界,一个可以自由表达自己愿望的世界,一个以自己的主观意志来控制的世界。

在游戏中,推动游戏进展的力量就是儿童的主观体验和感受。

如果儿童能够让自己在游戏中,

感受到自身力量在慢慢地增长,
感受到愿望的一点点实现,
感受到自己正处于优越的位置,

感受到自己的想法正直接决定着活动的结果,

感受到一切尽在掌握,

那么,儿童自然就体会到了机体的愉快、情绪的稳定、成功的喜悦,那他就会很乐意坚持,就会努力地推动游戏活动的展开,就会想出各种各样的方法让活动得以维持。而游戏就是这样吸引着儿童不断地投入其中的。

在游戏中有一点显得特别突出:就是儿童有机会去控制某些事物。实际上,儿童要完全控制环境是不太可能的,关键是要让他们在游戏中为自己所做的事负起责任,感受到控制力。这能够让他们培养出控制感。

控制感有那么重要吗?是的,因为这样会让在现实中全然被动的儿童有安全感。他们拥有了自己专属的玩具,而且在这些玩具中展示自己的力量,就会为自己所做的事负起责任。这样有助于儿童发展正向的自尊。有调查表明:学业成就的最佳预测指标是儿童对环境的控制感。

所以,游戏本身对于儿童具有治疗意义。从本性出发,任何孩子都应该会爱上游戏,是否会从事正常的游戏往往被当作衡量一个儿童身心健康的指标。很多教师和治疗师的经历也证明了游戏能促进儿童的情绪发展。

如果一个儿童不爱玩、不会玩,而且他忽然拒绝参加正常的游戏,那么这一现象就是在向人们发出警告:这个儿童的身心发展方

> 那些缺乏机会、缺少鼓励、天生不喜欢参与角色扮演游戏的儿童（例如自闭儿童）会失去一个重要阶段，正是这个阶段有助于他成为一个真正全面的个人，发展复杂的自我计划，学会如何表达情绪。
>
> ——美国心理学家辛格

面很可能出现了问题，他需要得到他人的特别援助。而且，早发现早干预，会起到事半功倍的效果。

孩子在0~3岁期间的缺陷可以在3~6岁期间得以治愈。由于疏忽或错误的抚养，0~3岁期间所产生的缺陷没有得到及时的纠正，那么它们不仅会继续存在，而且还会进一步恶化。

因此，6岁儿童可能还带有3岁以前产生的偏差和3岁以后获得的其他缺陷。6岁以后，这些偏差将继续影响接下来的人生阶段的发展。

如果我们能尽早关注那些不太健康的边缘儿童，寻找到适合他们的特殊治疗方法，然后早期发现、早期干预、早期治疗，就有可能帮助他们回归到正常的同伴群体，阻断他们心理问题走向恶性循环，通常我们对此类问题主要可采取游戏治疗。

游戏治疗

游戏治疗是一种专业的心理治疗，是游戏与心理治疗相结合的产物，主要适用于儿童。该技术在临床上可以帮助孩子克服生活过程中面对的诸多问题。

游戏治疗技巧的大致分类

➢ 象征性游戏的技巧：主要是洋娃娃、布偶、面具、电话、积木等器具的使用；
➢ 自然媒介游戏的技巧：主要是对沙、水、泥土等物品的应用；
➢ 艺术游戏的技巧：包括绘画、指画等游戏的应用；
➢ 借助言语的游戏技巧：包括故事角色扮演、放松想象等游戏技巧；
➢ 规则游戏的技巧：如各种棋类游戏。

游戏治疗有效不仅是因为治疗师的专业性，还有游戏本身内含功能的原因，从这个侧面我们可以看见游戏的强大，及其令人无法忽视的深刻内涵。

由于儿童的语言表达能力尚未发展成熟，没办法将自己内心的问题和需要表达出来。游戏治疗是以游戏活动为媒介，为儿童创设一个充分自由的环境，借助游戏儿童在自由的玩耍中把内心的问题和焦虑"玩"出来，在游戏活动中自由地表达自己的情感、暴露内心存在的问题，使问题得以缓解或消失，以促进儿童的健康发展。

这样，游戏给予了儿童"玩出"自己的感觉和问题的机会，正如在某些成人治疗中，当事人"说出"自己的痛苦和困境一样。这时候，游戏是儿童内省的主要媒介，语言是次要的。

在游戏治疗中，儿童感觉自己是在玩游戏。这样的游戏儿童每周只能在游戏室里玩一次或两次，每次 40 分钟的时间，固定不变。时间是游戏治疗的一个基本的准则，通过严格的时间限制，可以给儿童传达一种"秩序"的概念。

那些存在某些心理问题的边缘儿童，智力基本上都在正常范围之内，只是存在行为习惯方面的问题，可能影响了生活和学习。而对于行为习惯的矫正，去对孩子讲道理是于事无补的，而游戏治疗却能直达内心。

幼年期缺乏游戏的经验将导致成年后的社会适应不良

美国精神病医生布朗（1994）做过以下一番引人注目的陈述："作为一名精神病医生，长期以来我一直在研究那些童年期受虐待而成年后具有暴力倾向的人的发展过程。我的第一个病例引发了一个爆炸性的新闻事件。"

1966年8月1日，我在休斯敦的贝勒医学院精神病学系工作，我当时是一名教师。大约中午时分，我通过实况广播收听到了发生在奥斯汀的得克萨斯大学内的枪击事件。一名25岁的学生，查尔斯·约瑟夫·惠特曼将一堆枪支运到了学校27层塔楼的顶部，然后开始对下面校园里任何移动的物体射击。当一名警察和一名志愿者强行攻入塔内将惠特曼击毙时，已有13人死亡和31人受伤。州长约翰·康内利下令对事件进行全面调查。到底是什么使得查尔斯·惠特曼做出如此行为？我负责部分的行为研究。我领导的小组开始调查每一个熟悉他的人。他曾是一名海军陆战队队员、雄鹰童子军侦查员、辅祭儿童，但在查尔斯·惠特曼毫无犯罪记录的形象之下我们发现他有过一段充满暴力和残忍的生活背景：查尔斯·惠特曼的父亲经常虐待他和他的母亲。但是，通过我们的调查，我们发现了另一个更加微妙的情况：查尔斯·惠特曼童年时期缺乏正常的游戏活动。查尔斯·惠特曼的教师回忆他是一个容易受惊的小男孩，从来不会自发地进行游戏。在校园里，当其他孩子都在玩耍时，他总是消沉地靠在一面墙上。放学后，查尔斯·惠特曼的父亲完全控制了他，使他几乎没有时间参与游戏，甚至没有独自玩耍的机会。调查之后，我开始越来越多地思考查尔斯·惠特曼缺乏游戏的事实。

> 第二年，我协助进行了对得克萨斯州已判刑的 26 名杀人犯的研究调查。这些年轻人中 90% 在童年时代缺乏游戏或者只有过一些不正常的游戏经历，例如，欺凌弱小、虐待他人、过度戏弄他人、虐待动物。另外对 25 名曾有过杀人行为或在车祸中死于酒后驾车的司机的调查发现，他们中的 75% 曾经进行过不正常的游戏。我不认为游戏是引发犯罪和反社会行为的原因，但是从这些个体中得出的这个事实一直在困扰着我。它使我认识到游戏具有多么重要的积极意义。游戏是健康幸福的儿童时代的一个重要部分。富有游戏性的成年人通常也是具有高度创造力甚至十分聪明的个体。
>
> ——《游戏与儿童早期发展》，[美] 约翰逊等著

当然，并不是说只要让儿童玩游戏就能达到治疗他们的作用，而且专业的游戏治疗和普通的游戏之间在应用上有很大的区别，但总的来说，玩游戏可以起到预防心理疾病的作用。

在玩乐，也在发展

游戏在为未来做准备

大部分人理所当然地认为：他们会支持自己孩子去玩耍、去游戏，但事实上他们却把孩子的多数时间挪出来，让孩子去学这学那，而不是学会怎么去玩，家长还远没让游戏真正成为孩子的成长方式。

游戏对孩子们意味着什么，这取决于他们所处的文化环境，取决于大人们对游戏的态度、评价和支持儿童游戏的程度。"游戏是什么？"——对于这个问题，人们在社会上和实际生活中并没有取得一致的看法。儿童需要成人对游戏的绝对支持，只有这样，游戏才能成为真正的游戏。

很多老师对于如何评价和指导儿童游戏，仍感到困惑。很多幼教机构尽管承认游戏很重要，但却往往做不到言行一致。这不单纯是幼儿园自身的问题，还和父母的期望有关。

人们往往只是把游戏当作娱乐消遣的手段，认为它会消磨学生的时间、浪费儿童的精力，因此，"勤有功，戏无益"的观点颇为流行。韩愈也说"业精于勤，荒于嬉"。这样的观点也许对成年人干工作有敦促作用，但处在童年这个不成熟的阶段，游戏就是儿童的主要任务，他们需要在游戏中发展心智，发展出适应未来和社会的能力。

在儿童的世界里，游戏才是他们真实的生活。仿佛一切都是在游戏，一切都是在为游戏做准备，在为他们的未来做准备。

虽然在游戏时，儿童也都清楚地知道"这只是游戏"，但这并不妨碍他们对待游戏的严肃态度，这样的态度才会带来心智的进步。

游戏边缘化

在当前讲究孩子早期智能培育的潮流下，不少家长在支持儿童游戏方面显得顾虑重重。许多家长认为游戏就是浪费时间，那些整天就知道玩的孩子长大肯定没有出息。

随着家长们对幼教机构期望的根本性改变，幼教机构面临着"提前开始""提早准备""越早越好"的强大社会压力，"望子成龙"心切的家长希望通过"提前开始"的学习使自己的孩子在人生竞争的跑道上占据优势，重视游戏的幼儿园课程受到了很多家长的质疑："我是送孩子到幼儿园来受教育的，不是送他来玩的。你们为什么老让孩子玩呢？"

以下是某市幼儿园家长广告栏的内容，前来接幼儿离园的家长正在抄录幼儿家庭作业。

> 温馨提示：今日家庭作业
> 小班：拼音"b, p, l, f"各写10遍。
> 中班："人，口，天"各写20遍。
> 大班："锄禾日当午，汗滴禾下土"写10遍，拼音"ao, ou, iu"写20遍。

幼教机构在不断地调整课程方案以迎合家长的要求，这就出现如上将小学学习内容加入幼儿园课程的现象，读、写、算的活动越来越多，儿童虽在一段时间内背诵了几百首唐诗、几百个百家姓，却失掉了对生活的感悟、激情和灵性。

幼教机构对游戏的重视便只落实到了口头上，落实在烦琐的计划和检查上，而游戏却被实实在在地边缘化了。

幼儿园的孩子可以玩，那么小学生有自由玩耍的权利吗？

在你开始上小学一年级的时候，老师有没有郑重地告诫过全班同学，以后就是小学生，不能再一门心思想着玩了？听完老师的话，那时候的你甘心自己与游戏作别吗？

小学生当然也应该有玩的自由，如果我们试着在小学那空荡荡的操场上放一些大型玩具，是否会让那里显得别有一番生机呢？是否会让孩子觉得小学生活正向他遥遥招手，十分有趣，吸引着他呢？

鼓励孩子玩游戏和学习之间并没有矛盾，不要人为地把它们对立起来，越这样，父母心里越纠结，孩子心里也越不合作。即使在小学校园里放上大型玩具，孩子们也不会上着课突然跑出教室去玩，但是孩子会有被理解的感受，反而心里多出一分对即将开始学习生活的校园的好感和兴趣。

那么，年龄更大的孩子，如初中生、高中生，是否应当有游戏权呢？像我们这样的成年人又如何呢？

你是否仍有投入游戏的能力？

人对游戏的需要并不会因为长大就消失了，游戏的流行证明了人无论多大岁数都有游戏的需要，如果你真的觉得你已经成熟得永不需要游戏，那我只能遗憾地说：你把自己禁锢得太深了，缺乏投入游戏的能力，缺乏自我放松的能力，缺乏自我娱乐的精神。想想平时的你，是否经常肌肉紧缩，脸部绷紧？

这些游戏能够风靡就是因为这样一种状态：专注投入而又开心放松，这是在别的活动中不容易获得的，就像我在前文所述，在那个游戏时刻你的脑电波毫无疑问进入了 α 波状态——一个能让你体验到愉快、敏捷、放松、生动的身心统一的状态。

正因为是游戏，你才在"杀人"的时候那么潇洒，在被怀疑是"杀人者"的时候，不由得偷笑，在没有被发现是真正的"杀手"的时候轻松鄙视一下"警察"。如果一切不是游戏，你就只剩紧张恐惧了，何来放松？就算一切都是假的，也丝毫不影响我们去释放想象力和压力，发泄情绪，表现思维能力，所有的思想都是真实的。

要想开心，你必须真的能投入游戏，严肃而认真地"放"自己暂时离开庞杂的现实生活，这样，游戏才能给你带来生活之外的体验。

我并不是在此宣传上面的游戏，只是借此行文明义，其实任何种类的游戏都会产生以上的效果，所以我们不妨在看待孩子游戏时，内心真诚和开朗些，孩子的游戏比你的游戏重要得多，你的游戏只是解决当下，而孩子们玩游戏是解决当下，更是指向未来。

如果你能陪着自己的孩子一起疯玩起来，受益的不仅是孩子，还包括你自己。前提是你要有能力和孩子一样专注地共同投入游戏，而不是敷衍了事或者例行公事般陪玩。

任何物件都可以成为玩具，任何学习行动都可以当成游戏，只要我们有足够的游戏精神。

投入游戏，深入发展

游戏在于享乐，享乐又有潜在的发展价值。我们大可不必过于功利，刻意去为了"发展"而"求发展"，去用专设的学习班来获得智力情感或者知识技能的进步。

"尽情享乐"和"良好发展"这两种功能是可以同步进行的，并非非此即彼、相互对立的关系，它们是同一个事物的两个方面。

孩子在享受游戏时，身体和精神上感到舒适放松，智力和情感上得到自由，知识技能得到巩固，这些条件都为孩子的发展提供了最充足、最好的心理准备。

在游戏中，孩子不用担心目标是否实现，不用为游戏的现实后果担负责任，他们因此有勇气去尝试新的、不寻常的行为。一旦孩子在游戏中尝试了这些新行为，他们就可以利用它们来解决现实生活中的问题。孩子在积极的活动中，旧经验不断重复改造，新经验不断产生。

我们庆幸的是：这一切发展都是由享乐——最大限度地享受、体验自由所带来的。孩子在游戏中享受的程度越高，对自由的体验越强烈、丰富，由游戏所带来的发展的收益就越大。

所以我们有理由大声说："玩游戏不仅不会玩物丧志，反而还会让孩子学会快乐生活，我们要尽一切力量让孩子玩得痛快，玩得其所。"

怎样教孩子学会玩？

在玩中锻炼身体，交朋友，学习如何为人处世

"怎样教孩子学会玩？"这是一项重要的成长课题。到底什么样的游戏才能直指人心？我们可以从以下这些方面考查它：

对身体是否有好处？能否促进身体发育以及动作技能和协调性的发展？

对大脑是否有好处？能否促进智力、语言等能力的开发？

对社会化是否有好处？能否学会和别人相处与合作，关心别人？

什么游戏才能达成以上的目的呢？我们先来回忆一下，自己的童年是怎么过来的吧！

归来吧，消失的游戏！

你可以静下心来，闭上眼睛，打开记忆中的相册，回想一下那有些遥远的童年生活。

捉迷藏、跳皮筋、踢毽子、滚铁环、过家家、抽陀螺、跳房子、拍纸片……这些游戏你还记得吗？那时候，我们似乎总是在游戏，任何物件都可能成为我们的玩具，任何物件也都可以成为玩伴。

　　儿时的你是否曾经玩着这些游戏乐不思归，直到妈妈叫你："回家吃饭喽！"每个人的记忆中都有这些游戏片段，那时我们玩得如此开心，回想起来生动如昨！你是不是希望你的孩子也能享受这些乐趣呢？可是随着时代的发展，这些曾给我们带来欢乐的传统游戏正在渐渐远离现在的孩子。

　　　　　最近，国内某门户网站做了一项关于"游戏选择与观念"的调查。调查结果显示，在空闲时间，孩子娱乐项目排在前四位的分别是看动漫、和家长去亲子乐园、玩拼图、玩网络游戏，传统游戏基本没人玩。家长方面，有87.8%的认为传统游戏对孩子有价值，也有11.3%的家长表示不确定。

　　而今，当我们在课间十分钟走进校园时，会发现很多小学的操场上孩子玩集体游戏的场面不太常见。不像从前的操场上，下课铃声一响，孩子们就像水突然沸腾，炸了锅似的一窝蜂挤到操

> 据报道，近年来在广东的一些学校，扔沙包、跳房子、滚铁环、抽陀螺、踢毽子、老鹰捉小鸡、打弹珠等这些传统游戏正在回归，与此同时，学生的运动素质和身体素质得到了较大提高。学生体检数据对比资料显示，这些游戏实验的两年间，学生的体质、常见病发生率等指标均明显好转，肥胖发生率也开始走低。

场上玩耍嬉戏。现在的孩子变"乖"了，很多会独自用掌上电脑玩游戏。

从前的林荫道上、弄堂里、胡同里，处处可见踢毽子、捉迷藏的孩子，而今何在？

你还能经常看见孩子们气喘吁吁、一身臭汗大笑大叫的痛快劲儿吗？

还能经常看见他们的小手脏兮兮的，口袋里藏着各种稀奇古怪的东西吗？恐怕所有这些只能成为过去年代的一道独特风景了吧。

他们没时间玩，没场地玩，没人告诉他们怎么玩。

我们每个人都正体会着现代生活节奏的加快，身心疲惫地奔忙赶路，连孩子们都不例外，他们也脚步匆匆，没有太多时间玩乐。

我们的居住空间越来越狭窄，被挤在林立的高楼中，车多院小的现实让游戏失去了必要的场地，孩子们的活动空间受到了限制，想要大步地奔跑嬉戏不太现实。单元楼的分割让邻里日益疏远，孩子们越来越难以找到游戏的伙伴。

在客观的社会条件面前，孩子已经缺少了正常游戏所必需的场地、材料、伙伴，可成人还会让孩子没有精力和时间去玩。

记得我小时候经常盼周末，盼寒暑假，因为可以自由去玩。只要把学校发的寒暑假作业完成就万事大吉了，放假前就开始一门心思地琢磨怎么好好利用假期玩个痛快，这种期待总是令人开心。

可是现在的孩子，在假期基本上不能有太多想法，有各种特长技艺的课外辅导和兴趣班在排队等着，什么英语、舞蹈、钢琴、奥数等兴趣班,还有补习班,几乎填满了孩子全部的闲暇时间,快乐的心情就这样一点点被分割了,爱玩的天性也一点点被磨灭了。

我国体育社会学家郑也夫先生在《游戏人生》中指出:"如果你问我这十年来中国社会中最残酷的行为是什么?我要说最残酷的行为是大人们对孩子游戏权利的剥夺。这剥夺可体现在两方面:1. 孩子游戏场地的丧失;2. 大人以强制的干预使游戏名存实亡。"

有钱才能玩吗?

在过去,孩子没有电脑,没有游戏机,唯一拥有的是宽阔的游戏空间和三五成群的小伙伴,还有信手拈来的玩具。

人们总能从身边寻找一些游戏的工具,泥巴、铜板、石子、绳子都是孩子们游戏的"宠儿",于是,便有了滚铜板、跳房子、拍方宝、滚铁环等等。

树枝能变成精美弹弓,利用废竹片还可以"生产"出仿真的弓箭……

男孩会炫耀自制的铁环、链条枪、陀螺、弹弓。女孩会炫耀自制的毽子、沙包,还有纸叠的飞机、青蛙、电话等。

相对于电子游戏这样的非自然游戏,我们大体可以把以上这些游戏叫自然游戏。对于自然游戏而言,崇尚自然是其最大的一个特点,游戏开展一般不受时间、空间条件的约束,只要儿童有兴趣,愿意玩,就可以随时进行。其中绝大部分都是简单易行甚至不需要任何器具的游戏。如弄手影之类幼儿游戏,不需要借助任何工具,只需要一双手,却也趣味无穷。

现在DIY(自己动手)活动俨然成为一种时尚,包括自制家具、自制面膜等,孰不知童年我们的大部分玩具都是DIY。这些玩具大都是来自生活、来自自然的材料或半成品,它们一般分为两类:一是儿童自身的器官(手、脚等),如"剪刀、石头、布""背人""捉迷藏""木偶人"等,都是徒手进行的;二是利用大自然中的一些简单材料(水、石头、沙子等)制作的,这些玩具材料来自自然,儿童在游戏时,能根据自己的兴趣和需要,随意地将玩具材料加以创造和想象。如一张纸可以用来翻"东西南北",也可用来放"风筝"、做"风车"……

我国的儿童游戏文化曾呈现出一片繁荣的景象,唐宋时期是中国民间游戏发展的鼎盛阶段,政治经济繁荣昌盛,同时规模庞大的市民阶层日渐形成,各种娱乐活动百花齐放。

> 嫩竹乘为马,新蒲折作鞭。
> 寻蛛穷屋瓦,采雀遍楼椽。
> 抛果忙开口,藏钩乱出拳。
> 夜分围榾柮,聚朝打秋千。
> 折竹装泥燕,添丝放纸鸢。
> 远铺张鸽网,低控射蝇弦。
> 斗草当春径,争球出晚田。
> 等鹊前篱畔,听蛩伏砌边。
> 旁枝粘舞蝶,隈树捉鸣蝉。
> 垒柴为屋木,和土作盘筵。
> 险砌高台石,危跳峻塔砖。
> ——节选自(唐)路德延《小儿诗》

唐人路德延的《小儿诗》就对儿童游戏有充分的展现。多姿多彩的儿童游戏娱乐活动跃然纸上,阅读那些生动形象的描述,眼前仿佛浮现出那个盛世的天真幼童嬉戏欢愉的场面:或放莺、弈棋,或击球、嬉水、或捕龟、斗虫、或捉花、摔跤、或坐或倒、或立或跑、或喜或恼，姿态各异，生气勃勃，去哪里还能寻得这般逍遥与自在！

而今又临盛世，娱乐游戏精神倒也是大行其道，网络上和电视里一向不乏娱乐节目和游戏精神，可大部分流于"搞笑""恶搞""雷人"，这已经偏离了真正的游戏精神，是一种彻头彻尾的发泄和攻击，这些东西也能让你发笑，但笑后又生出一些空虚、一些不屑。也许在压力较大的生活状态下，人只需要如此简单的"博你一乐"，更多的内涵反倒是种负累，但如果可笑可乐到可耻，就着实有点过分了，这已远离了真正的游戏内涵。

自然游戏和非自然游戏

自然游戏和非自然游戏的区别

上文中谈及的传统游戏大都是自然游戏，取材于自然，或使用手工制作的玩具，而非自然游戏主要依赖科技发展所带来的电子类游艺设备，如电子玩具游戏机、电脑等。

自然游戏和非自然游戏有什么区别呢？请参看表 6–1。

表 6-1 自然游戏与非自然游戏的区别

	自然游戏	非自然游戏
和谁玩	和人玩、和活物玩、和自然玩、和天地玩	和机器玩、和影像玩、和玩具动物玩
在哪里玩	现实生活	虚拟生活
怎么玩	集体活动、户外活动、全身运动为主，需要一些场地、工具等的配合，才能玩得尽兴	个体活动、室内活动、局部运动为主 不受时间、地点、天气等限制，想玩就能玩，仅需要电脑与宽带
拿什么东西玩	沙包、铁环、陀螺、毽子、石头、纸牌、泥巴等各种简单环保材料	带辐射的电子屏幕、塑料、金属等非自然材料
玩的规则	遵守游戏规则 摆脱自我中心，以群体为中心（因为多属集体活动） 需要合作，与人交往 道德感相对完善，有面对面的群体压力，需要为自己的行为负责任	自我中心或者与机器合作 在网络游戏中，道德感相对缺失，如果表现不合作或者不合理发泄、作弊等不用担心受谴责 几乎不用为自己的行为负责
谁是高手	玩家的人格魅力、游戏能力、运动体能、合作能力、人际能力等多项认同标准	游戏操作技能的高低、积分多少、等级等单一评价标准
玩的结果	游戏是现实生活的延伸和补充，输了之后玩家之间依然会有别的联系 游戏有时更像是人际交往的手段，而不是目的	更在乎输赢，因为只以"成败论英雄" 不是高手不会被人注意

可以看出，自然游戏内容丰富、形式多样、操作简单，有的是徒手进行的，有的只需十分简单的材料，自己动动手、动动脑，就

能出来一件"玩物"。对于天真的孩子来说，在成人眼里稀松平常的一个物件，都能被发掘出玩乐的意义。比如路边的一块石头、树上的一片树叶、废弃的一截木头、桌面的一张纸片，越小的孩子越懂得玩，一岁多点的宝宝能够拿着一个杯子、一个空纸盒，捣来捣去地玩挺长时间，其实这是一个了解物性的过程。

昔日的自然游戏已渐渐远去，一同带走的不仅是那纯粹的快乐，还有健康的身体、人与人之间的密切合作、人与自然之间的亲密接触。

有调查显示，近四五年来，中小学生除运动速度下降幅度较小以外，其耐力、柔韧性、爆发力、心肺功能等均有明显下降。缺少户外游戏会直接导致孩子身体素质的下降，而传统游戏能让孩子在随时随地的娱乐中得到锻炼。

所以，缺少自然游戏直接导致了学生身体素质的下降。从表6-1的比较也能明显看出，自然游戏对人身体各部位的综合锻炼，是非自然游戏无从比拟的。但还好市场上也出现了模拟高尔夫、羽毛球之类运动的电子游戏设备，可以让身体动起来。

不可否认，这些游戏设备会带来一些乐趣，偶尔玩玩还行。我亲身体验过几次后，好像兴趣就不是太浓了。你想想，憋在自家房间里，何能比户外那海阔天空？面对呆板的电视大屏幕，何能比对面一个好朋友和你同样挥洒着热情的汗水？

和机器玩虽然也别有一番滋味和乐趣，但机器终归不能和你沟通，你也学不会与人交往的能力，机器和人的互动是极其有限的。传统的自然游戏中，你会有性格迥异的小伙伴们，要和他们打交道，要适应现实规则、解决一些矛盾与冲突，就得去学习理解、合作、关心、沟通和宽容，这是获得良好人际关系的起点，是你将来要步入的社会雏形，是为孩子的未来在做演练和做准备。

同样，想要在自然游戏中成为一个"大哥大"或"大姐大"式的人物，也需要综合素质和魅力，可不是光靠"级别高"就能分出胜负、受人仰视。这也会帮助你全面发展。

对孩子来说，多参加集体游戏更有意义，可有效地健全孩子的人格，弥补家庭结构单一所带来的不足，避免他们性格孤僻、自私、冷漠、缺乏爱心和合作。

自然游戏是红花，非自然游戏是绿叶

有一点要说明的是，我并不认为所有的非自然游戏都没有必要玩，非自然游戏是自然游戏有益的补充，它能带来的乐趣也是独一无二的，不要一味地排斥它，包括被众人诟病的网络游戏，它们不是对身心一点好处都没的毒品，在下面的一章我将重点谈及。

之所以大谈特谈自然游戏，是因为它渐渐被人遗忘。在现代游戏强大的吸引力下，这样的好东西要有目的和有方法地尽量让它悄然回归，在可能的条件下开展并鼓励孩子参与自然游戏。而且在引导孩子玩时应该以自然游戏为主，非自然游戏为辅，就像红花配绿叶，构成一幅和谐的美景。

玩"游戏"不会玩物丧志，人的成长和玩游戏密不可分，敞开了心胸去接纳游戏,让孩子们成群结队去玩吧!让我们在路上多多看见孩子脸上可爱的欢颜,而不是看见一张张稚嫩的小脸过早地挂上疲惫!

> "只有当人在充分意义上是人的时候,他才游戏;也只有当人游戏的时候,他才是一个完整的人。"
>
> ——席勒

第七章
陷在网瘾中的孩子

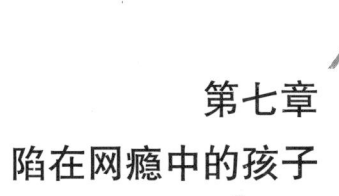

▰ 很多人觉得游戏里的友情都是假的,其实游戏中的"友情体验"是真实的,大家开心地聊,开心地接受,然后很好地相处下去,什么假不假,重要的是自己的心里空不空!

▰ 与青春期孩子的谈判不会很快就达成一致,父母和孩子都要在这个过程中更加耐心,保持彼此的对话和爱,才会让关系流通起来。

▰ 你不要以为那些在生活上没有独立的孩子,因为不得不完全依赖于父母,而会对此持有感恩之心。

▰ "爱自己"不是"自私自利",而是认认真真地去生活。学会自律,只有自律才能让生命状态达到平衡。

▰ 成瘾者幻想着游戏的无穷力量,把自己从现实生活抽身而出,而不是发展出自我心智的强大力量来克服生活的困难。

▰ 人生的道路本来就孤单,如果再没有几个坚定亲密的同行者,那将是别样的冷清。
- "家"是个具有生命意义的概念,而不是简单地指几个人聚在一间房里过日子。只有拥有亲密关系的家才有生命,才能令人产生归属感,才能让人的内心获得慰藉。
- 一个人在成长中,注定要放弃无拘无束的自由、放弃无所不能的幻想。
- 你可以拒绝长大,但重要的是对自己诚实,学会珍惜。

ание
我一直从事网络成瘾者的心理治疗工作，在第一线密切接触了疯狂迷恋网络游戏的孩子们。当然，说他们是"孩子们"，其实有些人已经是"孩子他爸"了，但内心依然是个没长大的"孩子"。我接触到年龄最大的一位男士32岁了，他被父母和妻子强迫带来就医。我也见过大学毕业几年了依然没有去工作的年轻人，他们通常集中的年龄段是12~25岁。他们都处在大好的青春年华，未来他们还有很多的可能性；他们也不完全像某些媒体里报道的那样无可救药、病入膏肓，或者愚蠢懒惰，把自己毁在一个虚幻无边的世界里，甚至不少人智商超群，灵性十足。

这群人难道真没有问题吗？是的，我们关注的是网络成瘾这样叫人头痛的事是怎么找上他们的。不是"他们何时有了网瘾"而是"网瘾何时找上他们了"，听起来像是玩文字游戏吧。

其实不然，我的意思是当我们在关注这些事情的时候，首先要把"人"和"问题"分开，这个"人"没有问题，只是正受着问题困扰。所以不需要把"成瘾严重的人"妖魔化，像孙悟空对待妖精似的，恨不能一棒子把那妖孽打死。

我们希望沉迷网瘾的青少年去改变自己，回到正常生活状态，

网络成瘾的生理改变

众所周知，传统游戏或者自然游戏都不同程度地要求游戏者调动身体肌肉和器官进行各种形式的配合与运作，强调游戏者的肢体协调性、平衡性与反应能力。而网络游戏中的游戏者只需要用一只手移动鼠标，或者几根手指在键盘的小小空间上进行轻松弹击，就可以完成全部的游戏操作。在整个游戏过程中，玩家的"身体"基本上不用过多地参与到游戏过程当中，只需面对屏幕保持一个一成不变的僵硬坐姿，由此便形成了一种"身体缺席"的状态。

网络游戏的"身体缺席"会激发一定的"游戏瘾"。当玩家们在网络游戏过程中身体处于静止状态时，他所有的神经反应都集中于游戏情节对于大脑的刺激，对其余躯体知觉刺激的反应都表现出相应减弱，此消彼长的身体状态必然有助于玩家在游戏时浑然忘我地投入。

这样，玩家如果持续上网，大脑神经中枢会持续处于高度兴奋状态，导致肾上腺素水平异常增高，交感神经过度兴奋，血压升高，进而引起植物神经紊乱、体内激素水平失衡，这将会使免疫功能降低，诱发各种生理上的不适。根据临床经验，这样的人群大致表现出以下几种症状：腕骨髓道症、眼睛干涩、紧张性头痛、背痛、饮食不规则、不能处理个人卫生、睡眠及肠胃功能紊乱等。

此外，每个人的体内都会分泌一种名叫"多巴胺"的物质，多巴胺有刺激愉悦中心，调节情绪，影响认知过程的作用，长时间上网会使大脑中的多巴胺水平升高，短时间内会令人高度兴奋，但其后的颓丧感却比之前更为严重。如同吸毒的人需要的剂量越来越大一样，上网的人也需要越来越长时间的刺激，才能让人体的这个"奖赏系统"分泌出足够让人兴奋的物质，一些负性情绪状态如抑郁、不适感、焦虑的增加都与多巴胺的水平增加有关。

> 网络成瘾还与脑的边缘系统或大脑皮层某些部位五羟色胺（5-HT）功能失衡有关，因为 5-HT 在人体的主要作用与人类的情感、心境有关。由于 5-HT 中枢不同通路功能之间也有许多复杂的联系，所以网络成瘾患者体内 5-HT 的改变也是复杂的。
>
> 成瘾行为的慢性作用能够对神经系统造成长期的改变，导致耐受和条件化等效应，并且影响自然奖赏效应。长期慢性作用使心理上感受到愉悦、快乐和满足，渐渐地使生理上也产生一种依赖，所以，成瘾是一种特殊的精神或身体病态，它与精神依赖和生理依赖密切相关，不过至于网瘾与其他成瘾行为如毒瘾、酒瘾，是否有着同样的物质基础尚无实验证明。但根据临床表现，大致可以得出和其他成瘾行为相关的假设。
>
> ——摘自《网瘾心理治疗启示录》

但这个"改变"不应该处于一种剑拔弩张的战争状态。诺贝尔奖的获得者特雷莎修女曾说，有一次别人邀请她去做反对战争的演讲，她不去，她说："如果你们是支持和平的演讲，那么我会去。但是反对战争我是不会去的，因为只有你关注爱，你才能放大爱。"

同样，揪着网瘾高声喊打，不如放大孩子们正面的能量。抱着更为中立的态度来对待成瘾的人群，才能更具关怀力和说服力，而不是针尖对麦芒地指着他鼻子说："你犯毛病了，你有病！"

说游戏像海洛因，可能有点言过其实，海洛因有很强的生理依赖，而电子游戏更多的是心理依赖。当然生理和心理之间并不能划一条完全分明的界线，上网成瘾的行为也许慢慢会对神经系统造成一些潜在的影响，使人在心理上感受到愉悦、快乐和满足，渐渐地使生理上也产生一种依赖。即使长期的成瘾会给生理上带来一些变化,但并不足以说明这就是有些人越陷越深的根本原因。

那根本原因又是什么呢?我们先来看看什么样的人成瘾的可能性较一般人要大,会更容易受网瘾问题的困扰。

易成瘾人群

易成瘾之青春期无限延长

青春期一般指十三四到十七八岁这个阶段,它是一个人由儿童到成年的过渡时期。有些人可能生理上已经成熟了,但心理上停滞在青春期,甚至是儿童期,没有走上成年的路,勇敢地向青年期迈进。怎么会出现心理和生理不相协调的情况呢?

迷宫和大山

成长道路上的人生之帆搁浅,主要原因可能是遇见了"迷宫"和"大山"。什么是"迷宫"?迷宫是指某个人在年幼时遭遇了无法解决和释怀的创伤和痛苦,心上仍旧带着开裂的伤口,生活就会像迷宫,把自己给困住了,让自己看不见前行的路。

早期成长中受过伤害的人之所以遇见"迷宫",是因为他伤得太重了,爬不起来,或不甘心离开受伤的那个时刻。他拒绝成长,老在原地盘旋而放不下，没有接受被伤的现实，总无休止地在潜意识里希望伤痕恢复。事实上越不甘心，痛苦越不能得到解决，永远把自己锁在痛苦的迷宫里。潜意识里以为不学会长大，事情就还有转机，事实上只是幻想。心理学上有个术语叫"固着"，指的就是这种情况。

另一方面，什么叫"遇见大山"？这是指某个人害怕成长所面对的责任和独立，害怕去解决随之而来的一系列人生课题。虽然这些课题不一定都是"难题"，但总之都是"题"，等待用一定的能力去解决。这些课题看起来像山，翻山越岭当然非常困难。这样的情况较多出现在从小被过度呵护和关注的人身上。

困在"迷宫"的人没有能力长大，在"高山"脚下的人不愿意长大。从而，他们的青春期都被无限地延长了。这些人赖着不肯负责任，都在回避、逃避责任，希望自己最好永远处在一种不必负责任的生活状态中。遗憾的是，需要负责任的一天总会到来的。

长大成人不仅仅意味着失去童真，还意味着必须承担责任，让自己在纷乱的世事中变得足够有担当并坚强面对一切——这一点都不好"玩"。

所以流行歌里这么唱道："我不想我不想不想长大，长大后世界就没童话，我不想我不想不想长大，我宁愿永远都笨又傻。"

青春致病菌和青春有益菌

从目前的社会现象来看，中国有一群"kidult"（儿童"kid"＋成人"adult"）——有着成人的躯体，但骨子里却拒绝长大的人。

有媒体称，在中国以及其他经济发达的东亚大城市里，二十至四十岁的青年中，这种成年人儿童化的潮流正愈演愈烈。他们痴迷于卡通和游戏，言行举止儿童化，还逃避承担传统观念要求的各项责任。

看看一些流行文化我们或许能对此获得更多的感受。

知名女性品牌"安娜苏"（Anna Sui）的风格就是用天真甜美的妆饰来反抗岁月的桎梏，在成人世界中表达少女般的古灵精怪。

奈良美智画笔下那个眼神邪恶又天真的大头娃娃，看过的人会被其既安静又诡异的魔力所吸引。

卡通人物 Mr. P，凭借其恶搞、幽默、简单的创意设计让人印象深刻。趣味十足的卡通小男孩 Mr. P 俨然已成为一个世界性的流行新词汇，被奉为创意恶搞文化之经典。我们不经意会在朋友的钥匙或者杯子、台灯等处看见它的身影。

三十多岁的大男人也一样热衷收集麦当劳的公仔、史努比的漫画。

有没有看过已婚的"老女人"，梳着可爱的小辫儿，穿着泡泡袖公主裙，卡通包上挂着粉红大脸 Kitty 猫？

的确，没有什么能够阻挡人们对青春的向往！

这样的青春期延长和我们看见的网瘾少年的青春期延长是一回事吗？

当然不一样。一样的只是他们都感染了"青春菌"，都带着青春的天真，不一样的是这种菌对有些人是有益菌；而对有些人正好相反，是致病菌。

有益菌可以分泌一些抗原物质，激活并强化身体的免疫系统。所以，在沉闷而厚重的现实生活面前采取青春式的天真乐观与自我鼓励，是一种如柳絮般轻盈的消解。

他们力求让严肃的成人世界变成一个大游乐场，他们自己依然贪玩，保持强烈的好奇心，对新鲜事嗅觉灵敏，什么都想看一看、试一试、玩一玩，捣鼓各种令人咋舌的新鲜玩意儿。

他们没有危机感，不恐惧、不顾虑，就像从来没有受过伤一样，勇敢地去生活，仿佛从来没有经历过失败一样，勇敢地去恋爱，无视那些心理阴影。他们总像十八岁，喜欢自由自在，不在世俗面前举手投降、轻易就范。

他们看上去永远比同龄人更年轻，更容易快乐。不管多大年纪，他们总把青春的热情和富有童趣的好奇投入工作和生活。这样的青春理想主义者反而有种可贵的人生态度。虽然绝大多数这样的人在常人看起来依然有些特立独行，但实质上可圈可点，有值得学习的地方。

易成瘾之与父母关系紧张

当然，本章要谈的是感染青春致病菌的人，和上述的感染青春有益菌的人有根本的区别。他们躲在青春的城堡里，青春期的依赖和叛逆表现出更为强烈的矛盾，这种矛盾直接指向自己的父母，或者是他们学校的老师。网络是他们发泄这种无法解决之生活矛盾的武器。

他们看起来总是轻易去伤害身边的亲人,但其实他们更容易被别人所伤。"互伤"是很多网瘾少年的一个主要表现,表面上当他们看见父母流露出无奈和愤怒的表情时,会有种胜利者的洋洋得意,好似满不在乎旁人对自己这样的不肖子孙指指点点。其实故作潇洒模样并不能掩饰他们真实的内心:对与父母关系僵化的懊恼和沮丧,沉迷游戏的疲惫和空洞,还有对那逃也逃不开、眨眼间说来就来的"未来"和"前途"的恐慌和紧张。

当然,如果你要是一脸无可救药、紧张兮兮地警告他:"这样下去,你完蛋了!"他绝对会一脸不屑地让你闪一边儿去,他不会让你看到他的脆弱,尽管那颗心已经脆弱得像裂缝的玻璃,随时要碎了,他也排斥这些让他面子尽失的关心。

这就是青春期的敏感和固执,这就是为什么少年们在处理现实难题时无法使出"软劲",只能死扛着硬顶着,《易经》中所谓的"曲则通",那是成年人狡猾的智慧和哲学。

所以,我们不一定非要义正词严地揭穿他的不堪一击,一旦去和他认真起来,我们就已经输了,他绝对和你摽上劲儿。

网瘾少年中很多人多次离家出走,似乎这辈子最恨的人就是父母,恨不得再也不要看见他们。但所有这些人无论在物质生活还是精神生活方面,都十分地依赖父母。

物质生活方面,他们自己也明白自己毫无疑问需要完全依赖父母,他们会经常伸手向父母要钱,经常坐在电脑前等着妈妈把饭送过来。但其实在精神方面,我们不了解,包括他们自己都不了解:

这些外表叛逆内心脆弱的少年有多么渴望来自父母的精神支持，可为什么表现出来的却是一种剑拔弩张的对立气氛，而不是彼此需要的一派和谐呢？

因为，求之不得而生恨。他们觉得在无法解决的现实困难面前，从父母处得不到精神支持，而他们对此又是如此迫切需要。其实很多网瘾少年对自己的现状并不满意，也渴望有种力量把自己从迷茫中拯救出来。

可对于他们真正渴求的支持，他们自己没有学会表达。孩子不懂寻求帮助，父母也不懂得怎么帮他们，急得像热锅上的蚂蚁，拼命地想去帮助自己的孩子，却进不去孩子的心。

主要问题还是他们之间没有交流通道，没有形成一个良好的情感交流习惯。可想而知，他们在成长的漫长岁月中已经错失多少良机去"修路"，重新弥补又需要费多少精力呀，所以在培养孩子上，好关系的确胜过好分数。

做好心理准备吧，与青春期孩子的谈判不会很快就达成一致，父母和孩子都要在这个过程中发展出耐心，保持彼此的对话和爱，才会让关系流通起来。

易成瘾之经验剥夺

我们大家应该都有这样简单的生活经验：去一个陌生的地方，如果你搭的是顺风车，一脚油门到地方就下来了，下次你去那个地方,还是不识路。如果你自己拿着地图,满头大汗地一路打听,也许还绕了弯路,但你最终还是到达终点。相信经过这样的过程,你下次去那个地方就会轻而易举,因为每一步每一个脚印都是你自己迈出来的。

要想收获经验必须身体力行。为了到达终点,看看你学会了什么:

你学习了看地图(查找知识,寻求理论);

你学习向陌生人问路(开始实践,与人交往,解决问题);

你学习了虽中途迷路,但最终得以解决(克服困难);

最后你会有成功体验,一种高自我评价:我不是个路盲,我有能力独自行走!

在你成年后,觉得这不算个事,不就是找个地方嘛,但在你年幼时,你会为自己骄傲,不是有很多小学生会写出"在暑假我独自去了姥姥家"这样的叙事文吗?

生活当中有太多类似找路的经历,因为只有脚踏实地的经验积累,我们才能获得生活上的独立性和自主性,如果这样宝贵的经验被人为剥夺,人们自然会失去迈步的勇气和行走的能力。所有的能力不可能被替代,只可能去培养。

不要以为生活没有独立的孩子,会因为完全依赖于父母,而对他们全然感激。正相反,当他到了青春期,有了走向未来生活的冲动，那时他会觉醒，突然被自己的胆小和怯弱吓了一跳，然后愤怒道："为什么都是你包办替代，我什么都没学会！"如此状况，他就形同"心理上的小儿麻痹"，双腿无力，没有走向未来的力量，也失去了最起码的自由。

所以，看似情意浓浓的依赖到青春期会演变成为"相互敌对的依赖关系"，有时候妈妈会觉得很冤，不能理解："我这样关爱你，你为什么还莫名其妙地突然发脾气？"

我曾经治疗的一个个案，真可谓"衣来伸手，饭来张口"。吃饭往桌前一坐，拿起碗筷就开吃，在外吃自助餐，也是妈妈勤劳地去取食，大小伙子坐那儿等着，有一天正等着突然就大发脾气，生气地不吃了，把妈妈给愣住了，那少年说："我好烦她！"

千万不要以为依赖就是爱，这种误会太常见了。包括在爱情中的年轻人，以为相爱就是谁也离不开谁，以为一个为了得不到爱而自杀的人就是情圣，实际上这种轻易放弃自己生命的人是病态依赖症患者。

在网瘾少年中，被剥夺经验的孩子许许多多，这些孩子有着共同的家庭背景：母亲为孩子"自我牺牲"，孩子强烈地依赖母亲，而父亲角色不作为，呈缺席状态。（这个话题在后文还有详细的展开。）

母亲的内心是孤独的，孩子也是孤独的，他们相互寄生、相互依赖，说句难听的，他们似乎成了另一种形式的孤儿寡母。母亲把所有的心思放在孩子身上，等到发现孩子到青春期时居然也不买自己的账了，那种失落和痛苦可想而知。

她那看似无私的爱最后会叫她大失所望，给自己的人生也造成了一次重创。

这种破坏性的滋养和"自我牺牲"，不用脑子和非理性地一味给予，只会让孩子失去照顾自己的能力。我们在爱的时候，不光要用心，还要用脑。

这样的妈妈有三种可能性，一是太勤快了，二是太能干了，三是太温柔了。这三种看起来都是中国妇女的传统美德，怎么到这儿都成缺点了？请注意是不要"太……"，前面有个"太"字，"过犹不及"，勤快过头了简直是自虐，能干过头就是强势为人生硬，温柔过头像糯米糖太腻味。在这些强大过人的特点的笼罩下生长起来的孩子根本没有发挥的空间和学习的机会。"善良"过头就会导致"恶"，因为你的"过度"会影响事物本来的"生态平衡"。

一个被剥夺了学习的人，没有尝过"经验"滋味的人，永远只能躲在角落怯生生地、一脸茫然地看着外面的世界，而他们的藏身之处就是网络和电子游戏。

案例呈现

E，男，22岁，网络成瘾，辍学在家，未参加过工作，考取大学后上学不到一个月，中途退学。父母亲都是高级知识分子，父亲因工作关系长期在野外开展科学研究。E天资聪慧，曾在奥数学习班中名列第一，高中开始玩游戏较入迷，但学习尚可，考上大学后，对游戏从入迷转为成瘾，同时因不能适应离家的集体生活而从大学退学。其母温柔善良但很孤独，其父学识丰富但不顾家。

（续表）

案例呈现

这例个案的 E 曾让我颇有感慨，我完完全全地能看见他个人秉赋的优秀，应该说比一般人都要优秀，让自己的才华和青春就此沉沦下去太可惜，如果他有机会成长起来，让才华发出光芒，这才算"物尽其用"，何能枉费和辜负这伶俐的天资呀。

E 的智商很高，气质不俗，温文尔雅但有些文弱，兴趣爱好广泛，看了不少常人不看的古典书籍，下得一手好围棋，这应该得益于他书香浓厚的家庭环境。

但同时，学识渊博的父亲又让他体会到强烈的自卑和压力，细致温柔的母亲却让他依赖性强而同时又优柔寡断。

这对看起来完美的父母错就错在太过完美。父亲期望很高，觉得这个小儿远没有达到他心目中的理想，所以一直对儿子持否定态度。母亲细致到心细如发，生活细节一应俱全，只要学习，其他所有全包，对孩子很是宽容。

E 到大学以后，甚至衣服换下来都不知道洗。他习惯雅致洁净的生活，靠自己却力不从心；他习惯妈妈的轻声细语，可是同学们喜欢纵声欢笑；对于下课以后的自主安排时间他有点不知所措，也不习惯和同学们一起去食堂买饭吃，在校园里总是感觉那么无助而心慌，终于在学校待不下去逃回家了。

E 有点像四体不勤、五谷不分的迂腐书生，从"两耳不闻窗外事，一心只读圣贤书"到"两耳不闻窗外事，一心只打游戏机"。

E 不是个性情强硬的人，对妈妈一直以来的包办代替，心里一边反感，一边则一点不剩地接受。他对我说过："有时候觉得她真的好烦呀！"但他不会行为过分，更多是用沉默以示反抗。在妈妈软语温言的劝说下，E 有时会放下游戏去玩玩围棋，有时会厌烦地一声不吭跑去网吧，不理会妈妈，但妈妈去网吧找他，他也会跟着回家，就这样一直持续着不稳定的生活状态。

这个个案的重点除了母亲的过度呵护，不容忽视的是其与父亲的情感疏离，父亲一年到头只能有一两次在家，和 E 的交流少得可怜。父亲不爱说话吗？绝对不是，E 说父亲在仅有的那点在家时间中，可以在偌大的书房里耐心地指导他的博士生，侃侃而谈、谈笑风生。

（续表）

案例呈现

父亲说起E只是一脸的家门不幸，他不知道自己对E的否定只会加深儿子的懦弱和自卑，我忍不住问他："你一年到头在野外搞动物研究，去和动物培养感情了，拿什么时间来和儿子培养感情？"

"你那么有力量，可他为什么那么无力？"

特此一提，小E考上的大学还是重点大学，此案再次提醒我们，学业优秀只能证明他的学习能力，别的什么也证明不了，生活是本复杂的书，光要求会学习是不是有点把生活看得太肤浅了呢？当然，如果小E学习成绩很差，他的生活将更肤浅。

就算他是我的治疗对象，也丝毫不影响我对他的欣赏。我遇到过不止一个像他这样异于常人的少年，有时在工作中和他们相遇，会让我感到荣幸，这样的相遇不仅仅是一种治疗，有时也是一种让我感受他们灵性的过程。网瘾并不能掩盖他们的光辉，但如果在别的场合遇见他们，我会更觉荣幸，而且不会多出来那一声叹息和一份惋惜。不过灵性再高，总得跨越"现实"这个关卡呀！

E曾对我说过："生命的血源因自然而滋润，自然的本源因生命而光辉！"祝福他回大学复读能够坚持到底，真正让他灵性的生命和这伟大的自然交相辉映、大放异彩。

易成瘾与缺乏自我认知

自我评价低

你是个什么样的人？你是怎样看待自己的？你对自己满意吗？

你对自己的判断和评价，决定了你将怎样对待和照顾自己，以及你是否真的爱自己。真正爱自己的表现不是自私自利，而是认真地去生活。这势必要求你自律，只有自律才能让自己的生命状态达到平衡。所以一个不愿自律的人，必然是自我评价低的人。

如果长时间恣意妄为，就像一辆车没有刹车只有油门，结果只能是失去控制，让生活陷入困顿，无论是精神还是肉体都受折磨。一个热爱自己的人怎舍得让自己如此不堪呢？

我们可以去看那些堕落在社会边缘吸毒或打架斗殴的青少年，他们从根本上不会认为自己作为一个人有什么价值，自己年轻的生命又有什么价值，所以自轻自贱地随意地对待自己。

这样的"无价值感"是怎样产生的？主要是因为从小没有享受到父母亲的爱，觉得自己是个不重要的人。父母的爱应该是一份完整的爱，是来自父母亲双方的，任何一方都不应替代彼此来行使爱的职能。如果离婚了，把不利影响降低到最小的做法就是依然倾其所能去向孩子表达你的爱，尽力去保证某种意义上爱的完整性。

有爱的孩子才会树立起自信，才有克服困难的底气，而不会在成年后自暴自弃。所以网瘾孩子都是在遇见实际困难后选择更长时间地沉迷网络，网络游戏强大的吸引力自不待言，可微弱的自制力完全反映出他脆弱的自信心。

从小培养孩子的自信心，才能让他有战胜困难和挫折的勇气。

男性化的母亲

很多事情如果我们内心没有答案，可以试着从自然界寻找答案。万事万物都要遵循天地法则，天地一阴阳，物物一阴阳，女性属阴，男性属阳,他们有各自的属性,在家庭中也承担着和属性相关的不一样的功能。

母性功能代表的是包容、慈爱和宽柔。父性功能是权威、力量和现实。母亲的任务是给予孩子一种生活上的安全感,而父亲的任务是指导孩子正视他将来会遇到的种种困难。

所以传统的男尊女卑是不合自然法则的,但如果女权主义者太过激进,恨不能扭转乾坤,同样有失平衡。任何一方妄自尊大都没有意义。这两种功能如果在一个家庭中平衡和谐,才能使正面积极的能量流动起来,不让家变成一潭死水。

在临床上,我们会发现一些具有男性特质的母亲,这些母亲仿佛是在女性的身体里藏着男人,行为过于刚硬,个人气质像沙漠吹过来的风,不具一丝女性的柔情,对孩子没有一种母性的情感流露。她的孩子没有获得应有的情感滋润,内心比较干枯,很难和旁人构建亲密关系。同样,如果父亲过于阴柔,没有男人应有的一些特质,同样不能实现父性功能。

在任何时候,尊重事物的原貌,遵循自然法则,是一种更有益的态度。

缺席的父爱

父爱缺席是更为常见的一种情况,因为父亲工作太忙而经常不在家,这样在空间上的缺席很容易发生。然而要注意的是,缺席也可能是精神上的。缺席状态不仅指的是人不在孩子身边,还指心也不在孩子身边。如前述个案 E 就处于这种状态。

有时候，父亲和孩子虽能天天见面，但二者没有交流。父亲在精神上和孩子相隔遥远。网瘾少年大多是男孩子，我的经验是男孩子通常渴望有一位专注的、关心他的父亲带领他进入成人期。这阶段，男孩子内心更渴望的是他父亲，所以往往拒绝母性权威。

如果父爱缺席，这时青春期的孩子就会陷入两难的境地，一边是长期依赖的母亲自己意欲拒绝，而另一边渴望的父亲却长期缺席，结果就只能是自己陷入无助的困境。

这样的孩子不能获得现实感，无法对自己正确地认知，没有力量去应对现实的压力，也不相信自己有能力走向未来。现实感不强才更容易去认同网络中的虚拟世界。所有这一切都源于他没有从家庭的父性功能中获得力量！常与父亲接触的孩子，显示出勇敢、坚毅、强悍等特征，有更强的生命激情。

男孩的妈妈在孩子青春期时心里会有些不好受，所以要做好思想准备，随时调整自己的心态。男孩只有反抗女性权威，脱离对母亲的依赖，与父亲走得更近，才能成长为男人，才能实现对自我的认知，对自己真正的能力、现实的恐惧、自己的未来，有更清楚的认知，这一切重要的成长话题往往要靠父亲引领着去往前探索。

在一些不幸的家庭中，如果父亲真的没有办法参与教养，可以试着去找一个孩子能够接纳的亲戚和关系近的男性朋友，而且是长期稳定的关系，如叔叔伯伯等，亦可由其替代发挥父性功能。

值得注意的是，不是到青春期男孩才需要父亲的教养参与，而

> **父爱不缺席的三大要素**
>
> ➤ 父亲不轻易拒绝孩子。做一个让孩子容易接近的父亲,因为只有孩子愿意接近父亲,才会坦诚与父亲交流。这样父亲才能真正地了解孩子,并用合适的方法管教他。
> 如果在孩子想和父亲说话或有求于父亲的时候,父亲总是说"一边去,我正忙呢",孩子就会渐渐失去接近父亲的愿望。也不要试图去敷衍孩子,有事情想和孩子交流,就认认真真地交流,不要指望在短时间内就产生效果。
> ➤ 父亲不会过于严厉、追求完美、轻视孩子。
> 有的父亲虽然参与管教孩子,但是过于严厉,让孩子感到害怕,也会失去孩子的亲近。
> 父亲要形成权威感,对孩子进行有效管理,需建立在能赢得孩子信任的基础上。而不是父亲自我感觉良好,高高在上,让孩子高山仰止。即便是权势倾人,对孩子而言这也不叫权威,是距离。
> ➤ 父亲自我社会功能良好,这不是指个人事业有成,而是有正常的精神状态,不厌世、不酗酒、不吸毒,或者没有其他生存边缘化问题。否则自顾不暇,何来健康的状态去支持孩子的成长。

是对于他来说,在那个阶段接受指教显得尤为重要。6岁之前是教养的黄金期,是大脑皮层细胞新陈代谢最旺盛的时期,也是大脑可塑性最高的时期。此时,客观现实在大脑皮层的烙印特别深刻,如果错过了这个时期的教养,后来的引导和矫正将事倍功半。

对于男孩来说,他们能从父亲那里模仿、学习"男子汉的气概";女孩则可从父亲那里学习与异性交往的经验。

> "父亲虽然不能代表自然世界,却代表着人类存在的另一极,那就是思想的世界、科学技术的世界、法律和秩序的世界、阅历和冒险的世界。父亲是教育孩子,向孩子指出通往世界之路的人。"
>
> ——德国心理学家弗洛姆

易成瘾之缺乏友谊

人也许能忍受诸如饥饿或受压迫等各种痛苦,然而却难以忍受一种痛苦,那就是孤独。一位在宇宙飞船上工作过很长时间的宇航员也曾说过,与孤独相比,太空舱生活的种种困难和不便简直算不了什么,孤独的确可怕!

人是群居动物,缺少与他人之间的联系会对身心两方面的健康都产生不利影响。孤独的人意志消沉,他们会忽略自我照顾。孤独者的免疫系统更容易弱化,他们更容易受到疾病的攻击。亲密的朋友和家庭成员间,常会彼此鼓励,促进健康的行为传播和传递让对方健康的信息(如健康饮食或锻炼),并劝阻风险行为(如吸烟酗酒等),鼓励对方必要时寻医,或者一起去进行打球健身等活动,帮助不健康的一方康复。这些鼓励健康的内容经常是好朋友间的话题。

人生的道路本来就孤单,如果再没有几个坚定亲密的同行者,那将是别样的冷清。

无论快乐还是痛苦,我们都希望有人和我们共同分享,有人彼此认同,有一个圈子或者团体让我们能够归属。

年幼的儿童，会仅仅因为知道对方名字，或者对方和自己一起玩玩具，就认定对方是朋友。从 11~13 岁开始，孩子就懂得朋友是能与他一起分享的亲密的人，朋友在一起会彼此提供帮助，从而在心理上达到和谐，能够分享自己的秘密和兴趣，并互相认同等；而且他们可以意识到，友谊需要经过一段时间的接触才能形成，它是逐步建立起来的。在现实中，想找到几个真心朋友没那么容易。现实中有很多因素，有很复杂的人际关系需要处理。

游戏却不一样，在游戏里找到一个朋友，比现实中要容易很多。虽然很多人觉得游戏里的友情都是假的，但其实游戏的"友情体验"是真实的，大家开心地聊，一起去闯关做任务，大家都是并肩作战、"出生入死"的"兄弟"呀，这种友情也不会真正对现实生活造成什么伤害，谁也不会欺骗谁（除个别骗钱骗色的网友），所以人们可以很开心地接受，然后很好地相处下去，什么假不假，重要的是自己的心里空不空！

说简单点，就是人都有惰性，容易做的事自然就喜欢做，既然网上交友容易那就在网上交。

父母之爱与朋友之情

随着年龄的增长，儿童会逐渐淡化对父母的依恋，建立亲密的友谊关系逐渐成为儿童的重要目标之一。父母之爱与朋友之情不是毫无关系的情感，它们之间呈现一种连续性。

研究结果显示，母子依恋的质量可以用来预测儿童的好朋友数量和质量，儿童的日常生活有母亲的大量参与，其基本的社会交往技能都由此习得，同时高质量的母子依恋培养了儿童乐观、合群的性格特征。而父子依恋则对友谊质量有影响，这提示人们，虽然在一般性的人际关系上，父亲的作用不那么明显，但在涉及深层次的亲密关系上，父亲的作用是不可替代的。

对父母信赖程度高的儿童，友谊质量的积极特征多，更多地表现出与好友的亲密、陪伴分享、肯定对方价值，并能顺利地化解友谊中的不快。反之，友谊的积极特征则少。

有意思的是，研究表明父亲对儿童友谊的影响，不是来源于直接的帮助和满足，直接的干涉可能使儿童持有"仗势心理"，而不能很好地适应社会生活。父亲和儿童的关系好，给他带来心理上的支持可靠比对儿童直接帮助和满足更为有效，比培养其自我约束能力更有意义。

易成瘾之异想天开

"异想天开"一词出自清代百回长篇小说李汝珍写的《镜花缘》："这可谓异想天开了。"这是一部带有浓厚神话色彩、浪漫、幻想、迷离的小说。作者奇妙地勾画出一幅绚丽的幻境，有不死树、不老泉水、与天同在的仙草，以及各路花仙，真可谓是高度奇幻的作品。

同样也有这样一类人，生活在这样不存在、不可知的幻境之中，因为他们好幻想，不切实际，容易沉醉于"也许会一不小心中个五百万大奖""天上掉大馅饼"之类的想法，幻想自己是电视剧里的主角，幻想自己会武功，幻想自己有很多情人，总之，只要闲下来就幻想。

其实，完全抛开现实并过度寄希望于幻想，是种心理不健康的表现，是因现实生活无法满足欲望而产生的心理不平衡，没有能力接受现实才幻想重重。

儿童期的孩子经常会用美丽的幻想弥补甚至超越并不可爱的现实，这是小孩能够轻易忘记伤痛而持续成长的必需力量。成年的我们要想获得快乐的法宝之一，就是自我暗示："学会遗忘！遗忘那些受伤的感觉！"可处于童年期的孩子们不会刻意遗忘，他们扭头就忘了刚才还被妈妈骂哭了，很容易就开心起来。

比如，他会想："我生性弱小打不过班上身强体壮的大个子，怒气冲冲的我拿娃娃撒撒气，心情就会好了。""我也可以拿着自己的玩具手枪"乒乒乒"扫射一片，好像顷刻间变成英勇的大将军似的。"

就是这样，游戏以象征性的表达让人们本来在现实中的无助和挫败感得到补偿，使受到挫折的自我壮大起来，获得一种幻想中的成功体验。

所以从游戏本身来说，它在每个孩子的儿童期起着不可替代的作用，我之前也有所阐述。游戏具有一种相对完美的象征意义，所有现实生活中不能实现的能力在游戏中都能实现。

不难看出，在生活中不切实际的幻想，或在游戏中完成的幻想，是儿童摆脱和表达不良情绪的方法。同理，沉迷电子游戏是一个已经走过童年期但依然用儿童的思维方式的人进行自我表达的幼稚行为，成长中的成瘾者依然指望着、幻想着用游戏的无穷力量，把自己从烦恼中抽身而出，而不是发展出自我心智的成熟力量来克服生活的不幸。

这样的人之所以容易成瘾，是因为游戏能让他百分百地投入幻想和成全他的美梦。他不断地在游戏中寻找生命中欠缺或失去的东西。

可惜的是，他们只有儿童期的幻想和少年期的梦想，就是没有成人期的理想和为理想采取的不懈奋斗。"人唯患无志，不患无功！"

不过有时，异想天开的人也能生出奇思妙想，会有创意无限的作品。人类一直需要幻想，但千万不要让幻想控制了我们的生活。人在成长时，注定要放弃无拘无束的自由，放弃无所不能的幻想。

易成瘾者的学业危机

厌学、逃学或辍学者

每个人从读小学开始，便有大部分的时间要待在学校这个地方，总有一部分孩子不能适应学校生活，从厌学开始慢慢走向逃学和辍学。从目前的社会情况看，一旦怕些孩子从学校逃离，绝大部分都会流浪到网上，把无处释放的精力和压力在网络和游戏上发泄出来。

孩子在学校待不住，是因为他在学校体会不到快乐。要让他对这个环境产生好感，最需要注意的有两点：学习成绩和同伴关系。如果能够从环境中体会到快乐和成功，加之学习成绩不错，还有一起玩得不亦乐乎的好朋友，他根本舍不得离开学校。近年来，我参与了一些文化部关于网络游戏的工作，对网瘾少年有了更进一步的了解，图7–1摘录了我们当时研究得出的一些调查数据。

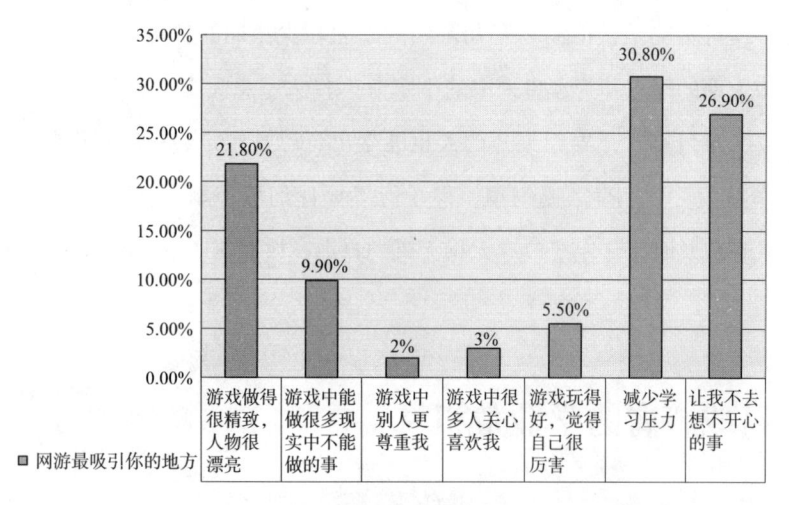

网游最吸引你的地方	百分比
游戏做得很精致，人物很漂亮	21.80%
游戏中能做很多现实中不能做的事	9.90%
游戏中别人更尊重我	2%
游戏中很多人关心喜欢我	3%
游戏玩得好，觉得自己很厉害	5.50%
减少学习压力	30.80%
让我不去想不开心的事	26.90%

图7–1　青少年玩网游的目的（引自文化部调查数据）

学业转折期（初一、高一、大一）

对刚刚跨入初中、高中、大学的新生而言，陌生的不仅仅是环境，还包括不一样的学习内容、学习任务。这三个学业的"过渡"期，都可谓是人生中的"蜕变"期。不少孩子和父母由于缺乏经验、准备不足，会变得手足无措。

初一阶段，课程从小学的两门主课增加到七八门主课，高一阶段又从初中的基础课程升级为高中难度的课程，学生需要适应是非常正常的事。从学习方法上来说，学生要从被动地完成老师布置的作业，转变为能够主动地复习和预习，能够对所学知识做到心中有数。

从老师对学生的态度来说，小学老师对待学生的方式更像家长，从学习到生活事无巨细地关照，而初中老师已经开始注重学生的自我管理和自我教育，高中老师更不会过多强调学生纪律，会把主动权都交到学生自己手上。

有些优秀学生，比如说，在学业早期阶段受过老师过度的关注和认同，当高中阶段的老师不像从前的老师那样放心思在他们身上，就会影响该生的心理状态。所以从小被过度关注和表扬并不是件好事，反而会使学生因有心理落差而影响他的学校生活。大学则是一个完全自主的地方，就是给你一个学习环境，要你自己在环境中有所获。

所以，依赖性强、自我管理能力差的孩子在初高中相对自由的环境下，尤其是在大一已经是完全自主的状态下，反而无所适从。

你想想，一个从小被管束太多或者照顾太多的孩子，实际上没有独立的自我，他会觉得受制于人似乎更安全，自由反而是个人生的新课题。就像一些动物园饲养的狮虎猛兽,放之归山就会要了它们的命,它们的猎食能力和野性都在笼子里消磨殆尽了,不管是天天好吃好喝地喂它们、"奖赏"它们,还是用皮鞭严厉地训练它们,总之它们是"废了"。

所以,管束太多或照顾太多,看似有区别,其实都是极端的两面,过严和过慈都败儿。

家长要给予孩子足够的信任

初一、高一、大一这些起始年级所扮演的是"奠基"的角色,是阶段学习中最关键的几年。在这段时期能否打好基础,关系到学生在之后两三年里的学习情况。如果孩子在起始阶段有了一些问题,父母一定不要急躁地不信任孩子,觉得孩子主观上不够努力,对他们加以指责,而要给予孩子信任、信心和适度的交流,来帮助孩子度过这些关键期。

虽然,很多孩子在初二、高二、大二才出现明显的成绩分化,但关键原因往往还是他们在初一、高一、大一没有养成好的学习习惯,没有及时调整自己以完成对新环境的适应。因此,初一、高一、大一这三个时期的学习习惯养成和心理调剂都非常重要。

假期(周末、寒假、暑假等自主时间)

我所在的治疗机构,每年都有网瘾的收治高峰期,主要就是暑假两个月，加上开学的第一个月，即从9月份一直到10月底和11月初。这些时间段来的病人，是其他时间段的几倍，每年都有这个高峰期。

到了暑假，平时上学和放学的规律生活和作息被打乱了，很多父母因为上班，没有太多的时间对孩子进行监控，孩子有可能不加节制地玩。有些自制力比较差的孩子整天腻在电脑前，到假期快结束的时候，他们的心思还在游戏上。这时，父母想要把他们从网络中拉出来就觉得有点困难了。他们持续每天上网，开学了也不去上学，心像放出去的野马收不回来。

学生的假期生活还是需要某种程度的合理监控的，一是要帮助孩子安排好他们的假期生活，二是当孩子出现了一些不良行为习惯时，能起到及时监督引导的作用。

所以我建议在假期来临之前，父母可以和孩子一起规划一下假期的生活，共同制订一个假期的作息时间表。假期的学习生活内容要尽可能地丰富，既可以让孩子巩固一下以前学习的内容，又让他们有充分的时间休闲娱乐。

尤其对自制力不够完善的孩子更要有所规范，让孩子更充实地度过假期。仅仅制订假期作息时间表是不够的，第二步还需要父母对孩子有一定的监督。当孩子出现一些不良的行为时，如无度上网等情况，家长可以与孩子沟通交流，对其适度地教育，助其规范自己的行为。

父母要把工作做在前面，和孩子事先做好沟通，让孩子对上网预先有个正确的认识，毕竟主观认可要比被动接受效果好得多。对于有可能沉迷的孩子，父母要想办法给他们一些任务，让孩子有事情可做，不会每天觉得无聊，总是打发时间，帮助他们安排空闲时间，从而逐渐减少他们上网的时间。如果突然"戒网"，让孩子一时不能适应，他们一般都会产生抵触情绪，反而激发了上网的欲望。

易成瘾者的生活危机

曾有一个案例，12岁的他同时面临三大难题：父母离异；他随母离开原籍转学到新学校；然后母亲因工作繁忙，只能把他放在寄宿制学校。母亲没想到孩子的生活就这样在短时间内完全被毁了。起初这孩子虽然在原籍学校也表现平平，不算出类拔萃，但他也无忧无虑，属于普普通通倒也健康的孩子。可他在寄宿制学校里的表现一塌糊涂，学习成绩全班倒数，和宿舍所有孩子都合不来，而且还招惹得同学要揍他，最后他只能天天偷跑去网吧玩游戏。

以上个案面临的三大难题是父母离异、转学和寄宿，这里还要提醒大家另两大危机——学习成绩下降和丧亲。

任何一种生活中的变化，都使人面临着一种新的适应，要求我们去改变旧有的生活习惯或情感依赖。而旧有生活的惯性往往对我们产生保护作用，它能让我们的大脑节约很多资源。如在熟悉的环境中生活会让我们神经放松而自在，在一段美好而亲密的情感中我们觉得安全而美好，这些都是让人非常愉快的感受。

转学、寄宿或学习成绩下降都要求人就环境重新做出自我调整。而父母关系恶化乃至离异，或丧亲（主要是指成长中的重要他人如祖辈等），则需要情感上的调整。

转学

转学或搬家意味着孩子必须离开那些亲密的朋友，离开自己曾经赖以信任的团体，即使有信件往来也是远水解不了近渴，不能解决当下自己孤单的状态。这和失去好朋友差不多是一个概念，孩子也同时失去了对团体的归属感。由此产生的结果是消极的。其中孩子最为普遍的反应是感到孤单、消沉、烦躁、愤怒等。

与朋友分手，尤其与亲密的朋友分手，无论什么原因，对孩子的生活都是一种危机。父母容易低估朋友的丧失对孩子的影响，认为那些都是小事，无须认真关注。

对于友谊的终结，孩子之间的反应各不相同，有的能保持相对的平静，有的则会表现出彻底的失落。不管什么表现，总的来说，失去朋友是孩子人生中一个严重的应激事件。

进入新的环境后，孩子会觉得新团体中的同学们彼此早已相识，只有自己对他们是陌生的，要想加入这个新团体、结交新朋友都需要付出很大的努力。尤其是到童年后期，旧相识们已经结成较为牢固的团体,新来的成员要想加入,难度还是较大的。

我认为,父母应该认真对待孩子遭遇的此类事件,设身处地与孩子谈论丧失朋友的现实,认真地对待孩子的悲伤、愤怒、委屈等情感,给孩子提供即时的心理支持。

另外在学习上,孩子也要去习惯新老师的授课方法和课程之间的衔接等,要和新老师之间重新构建关系。正因如此,许多孩子在转学时如果不能适应,就会转而避开人群,去网上找乐子。

所以,转学和寄宿对于初中阶段的学生来说是个较大的难题。对于性格偏内向、不是特别活跃的孩子来说尤其如此,他要努力地使自己这个"外来人口"融入当地"土著"的氛围。

入乡随俗并非轻而易举,说随就能随,孩子去接受新鲜的人和事需要一个过程。友谊是要经过一段时间的接触才能形成的,对班级和学校的归属感更是需要经历一个长期的过程才能获得的重要心理体验。

并非说,迁移最终只能给孩子造成消极影响,如果处理得当,孩子有能力从失去朋友的悲伤中迅速恢复过来,并且在新的环境中建立新的友谊。通过这样的锻炼,孩子反而将增强交友和适应新环境的能力。

学校寄宿

寄宿意味着离开父母、独自生活,要孩子有自我管理的能力,他在生活还有学习上都要懂得安排时间。生活上要学会自己照顾好自己，合理安排作息时间，按时吃饭、睡觉，养成好的生活习惯。只有身体健康得到保障，人才能有好的精神状态去学习。寄宿还对孩子的人际交往能力提出了更高的要求，每天生活学习在一处，碰撞的机会太多了，如何应付处理都是学问，很多大学生在一起都处理不好以上这些问题，更何况小小年纪的初中生呢？

校方对学生更多的是采取封闭式管理。大门一关，虽保证人身安全，但不可能顾及每个孩子的内心状态，更不可能像父母那样对他们殷殷关切。

尤其是寄宿的孩子，如果不能融入宿舍的小群体，又不能及时获得爸妈的支持，那他就会产生小小的年纪所不能承受的压力，更别谈让他放心去学习。

初中阶段以下的孩子，需要更多地从家庭中学习到生活自理的经验、照顾自己和安排自己的能力，然后再将其运用到将来的生活中，而不是急匆匆或者很突然地到一个过度独立的环境中，强行自立起来，这无异于拔苗助长。

所以，在此我也呼吁父母尽力不使孩子在高中以前去寄宿，再高级的贵族学校也比不上一个简单完整的家。如果一定要转学，父母也最好和学校老师有较为完整的沟通，来帮助孩子尽快接纳生活的新变化，并提前对生活和学习环境有个心理和现实的准备。

学习成绩下降

学习成绩，对于中国孩子来说，一直是自信快乐的重要指标，所以我个人也一直认为学习成绩是和心智成长一样重要的事情，这是和中国国情相吻合的一种态度，我们的口号是："要心灵成长，也要学习成绩。"所以在下一章中我也特别讨论了关于学习的内容。

对于学习成绩这个问题，我想奉劝父母：对孩子不需要力求拔尖，一旦拔尖了意味着他已经没有了上升的空间，而只有下降的空间。这有点像是给他堵死了往上走的路。同时，为了拔尖，付出的精力和体力必然要多于常人，会占据他去关注其他生活内容的时间，一味沉醉于遥遥领先的滋味，谁又能保证他能一直走在别人的前面呢？

一个一直走在别人前面的人，承受不起走在人后面的压力。大丈夫才能做到能屈能伸能上能下，一个孩子坚韧十足地面对变故，能屈能伸，恐怕不是常态吧！

尖子生往往平时信心十足，意气风发，但一经挫折（如当不上班干部、学习成绩不如人意等），便立刻心灰意冷，找不到前进方向，不知如何应付，表现得比他人更脆弱，自信与自卑可谓仅一步之遥。

就像在"案例呈现"里的个案A，曾经可谓"三千宠爱在一身"，最后他的感觉就像"落毛凤凰不如鸡"，在他的内心感受中，失去的不仅是学业上的分数，还有妈妈的爱和老师的爱。当时住院治疗时，是由父亲送他过来，整个治疗阶段，其母亲始终没有露面，

案例呈现

某男A，23岁，大学在读，已辍学在家一年，曾退学参加工作，但只坚持了一周。A每天沉迷网络游戏，在游戏中的级别和地位非常高，令网友佩服。他与父母没有明显的冲突，但曾因为在网吧通宵玩游戏，三日未回家，被父母打骂过一次。平时父亲多以大道理对他进行思想教育，母亲基本已经对他死心而不闻不问，表现冷漠。A治疗前与父母几乎已经不再说话。

A从小性格较内向，听话，早期因学习成绩拔尖并有过人的表现，经常代表校方参加各种学科竞赛，在校内外经常获奖，由此被老师极为关注和赞赏，但他朋友较少。A在初中后期开始对网络游戏感兴趣，在高中阶段成绩下滑厉害，从而投入更多时间沉迷游戏，而后通过关系入某大学就读。

A的父亲性格内向，在A的成长早期对其要求较严格，但在A上中学阶段，由于自己人生观的转变，性格转为消极，在对待孩子教育上的表现无原则性，放松了对A的要求；母亲能干，极爱面子，行事刻板且脾气急躁，一直特别注重A的学习成绩，除此之外对A的关心较少，虽是女子，但她男性特质强烈，尤其是在A高中学业成绩不断下降后，对他采取否定、冷淡和疏远的不接受态度，有时还流露出鄙视。

点评：启发A认识到：优越感十足的早年经历，以及后期学业表现平庸直至落后的变化过程，使他内心产生强烈冲突；当前的思维模式有误，错误的思维模式导致其受挫、自卑、退缩、自我封闭的逃避情绪强烈。

要使求助者理解到，当前的痛苦情绪和社会功能障碍都与错误的认知模式相关。使其了解其沉溺网瘾行为且行动力日益发脆弱的原因，以及沉溺网瘾促使其更多地脱离现实生活轨道的事实，努力帮助A使自己的情绪和行为不再受不良图式的控制。A的主要认知歪曲如下：

1. 如果在某个领域不能做到最好，那做这件事就无意义。只有拔尖，才能获得爱、关注和成功。目前游戏中的成绩才是我的最佳表现，体现出了我的价值。

2. 如果一件事我没做好，意味着我的能力很差，会令人耻笑，而虚拟的世界能挡住别人轻视的眼光。

(续表)

> **案例呈现**
>
> 3. 我应该把事情做到完美，否则一出差错便没有挽回的余地，只有在游戏世界中一切可以重来。
>
> 4. 我爱自己是建立在"他人爱我"的基础之上，所以迫切渴望他人的认同；我做的所有事情都是为了给别人看，学习成绩是一件拿来"秀"的艺术作品。
>
> 5. 任何事情结果最重要，不关注过程。
>
> 6. 过去的某个时光是我生命中最美好的，必须找回从前的体验，只有游戏才能让我回归过去的成功体验。
>
> 在治疗中，不同阶段有不同的阶段性目标：
>
> 首先使求助者自我观察，使固有错误认知模式明朗化；
>
> 然后使其认识错误认知模式与网瘾症状之间的因果关系，接着通过与治疗师的对话以及自我内部语言的转换引导，确定新认知模式；
>
> 同时对其进行团体治疗，增强信心与人际交往技巧，强化新建构起来的认知模式，并以新的认知模式指导行为，鼓励他与人交往，降低他对自己的期望值，重建适合现状的生活目标，最终形成新的有效行为，矫治不良情绪，摆脱在网游中形成的理想自我。

我只能通过电话和她联系，在电话里她依然只想说一些A的昔日辉煌，不愿讨论这个让她颜面无光的A的现状，她一直在为已经遭到破坏的自恋而痛苦。

父母离异、关系恶化或丧亲

有很多的书籍已经谈过父母离异对孩子的不良影响，在此我不再多言。这同样是孩子一生中印象深刻的情感丧失事件,家长离婚越早,对年幼的孩子伤害越大,在孩子 2 岁时离婚和 20 岁时离婚,其伤害肯定有很大的区别。

在此类生活变故面前,小孩子不可能有足够成熟的心理应付能力,不可能理解大人间的情感变化和自己没有什么直接关系的道理,他们会以为是自己不够好才导致父母的不和。另外,我们也不能够小瞧孩子的感受力和观察力,即使父母没有一纸离婚协议,但依然彼此关系恶化,搞得家中无安宁和温馨,孩子也会是直接受害者。所以说为人父母不易,自己在情感中痛苦不堪,却更要腾出思路顾虑孩子的感受。

"家",它本身是个具有生命意义的概念,不是简单地指几个人聚在一间房里过日子。只有拥有亲密关系的家才有生命,才令人产生归属感,才让人内心获得安慰。如果只是彼此厌烦或麻木不仁地聚在一起勉强度日,这个家会名存实亡,其中的人也没有什么生机,因为人的心失去了归属,就和街头的流浪汉一样无处安身。小孩子的心更容易到处流浪,去网上寻觅所谓的归属。所以古语说得好:"家和万事兴。"

丧亲指的是生命中重要的人的离世,如父母或者祖辈中与孩子有深厚感情的人的离世。我经手的三个个案,都是祖辈离世的丧亲,孩子不仅要第一次面对死亡的人生课题,更重要的是要明白自己与亲人间的亲密情感已阴阳相隔。这三个个案的相同点是其父母在早期养育中不太作为,全部交付给老人,孩子情感完全倒向老人,安全感的建立和情感的需求都由祖辈完成，可想而知老人去世这样的丧失，对孩子情感所造成的损伤之大。

以上谈的都是网络成瘾的早期预防和需要关注的人群，如果很不幸在早期没有做好预防措施，那怎么办呢？在网瘾大爆发之前，采取一些必要措施，也还是来得及的。

接下来要谈的是如何发现有网瘾征兆的孩子，并在其成瘾程度加深之前尽早干预，来达到更为有效的治疗结果。

如何预防网瘾恶化

网瘾的形成

网络成瘾不是短期促成的，有一个逐步演变的过程。这也就意味着，我们在孩子走向网瘾的道路前，完全还有机会去干预，以防孩子的上网情况恶化。所幸，有这样一个慢慢发展的过程，让我们"有机可乘"，能冲进去采取一些行动和措施。

从临床治疗结果来看，我必须强调：在网瘾发展的早期充分地介入，是非常有意义的一项工作。而且，现实的治疗效果也比我们想象的还要乐观。

早期干预的疗效要远远好过严重成瘾后的疗效，孩子对此时治疗的排斥观念不是那么强。这种治疗周期短，而且复发率低。所有成瘾行为如毒瘾或者酒瘾等，均有着较高水平的复发率，网瘾同样也有较高的复发率，而经过早期干预的瘾症复发率相对低得多。一个人病入膏肓、病入骨髓、内脏坏死，和只是表皮破损、轻微有点发炎的身体状态，对应的两种治疗结果当然不可相提并论。

那我们来看看在哪个阶段能做些工作预防瘾症恶化呢？

从正常的网络使用变为真正的网络成瘾，其发展分为三个阶段：正常使用—过度使用—网络成瘾。所有网瘾患者都是由过度使用发展来的，这个阶段发生的早期是预防的重中之重。

过度使用指的是每日非工作学习上网时间使用 2~4 小时左右，明显给家庭和社会功能造成不利影响，而且患者伴有戒断症状。请注意刚才提的以下三项：

非工作学习上网指排除工作需要，或学习需要查询资料等目的的上网行为；

家庭和社会功能影响意指正常的生活状态受到影响，产生如该上班不去上班，该上学不去上学的行为；或因为上网常受人批评、自己与父母关系不良。在这个阶段，很多人的社会

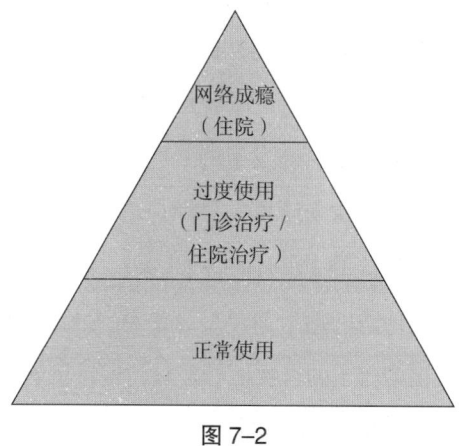

图 7-2

功能并没有完全丧失,而是部分受损,如经常迟到、旷课旷工等;

戒断症状指不上网的时候产生或诱发的烦躁不安、焦虑、易激惹、冲动毁物等情绪或行为,无法将注意力从上网转移到别的行为。如产生戒断症状,则此人离网络成瘾越来越近了。

网瘾恶化的重要阶段及处理措施

一般而言,网瘾患者普遍求治动机不强,因为网瘾是一种自我适应的行为,成瘾者主观上并无太多不适感觉,它以对虚拟物质的占有作为表征,本质是纯精神性的,而不像毒瘾、赌瘾、酒瘾等是以实体物质作为真正的致瘾物,如海洛因、金钱、酒。

人们往往对看不见摸不着不直观的东西不太警觉,更何况那些实体物质成瘾全具有反社会性,没有任何社会价值和社会意义,而网络则本身具有相当积极和正面的社会意义。正因为这样,网瘾更为隐蔽,人们不容易产生戒瘾动机,患者很少主动求治,可是一旦上瘾,其内在伤害却很大。

以上是网瘾发生的三个阶段,其中"过度使用"阶段是成瘾的转折点。这个阶段的早期患者是关注的重中之重,也就是平均每天上网时长 1~2 小时的孩子。

预防网瘾最简单的办法就是去关注孩子的上网时长,将超过时长视为孩子的求救信号并对此保持足够的敏感度。

如果孩子平均每天上网时长达 1~2 小时,我们需要观察他是否有增加上网时长的倾向，关注他的情绪和在校的表现，充实他的生活，可与孩子进行一些沟通，防止他走向"过度使用"阶段。

如果平均每天上网达 2~4 小时，则已经属于"过度使用"阶段。该阶段成瘾可能性比较高，如果孩子进入这个状态就可以考虑求救于专业机构，当机立断地把孩子从成瘾边缘拽回来。这个阶段患者有时并不需要住院治疗，常规门诊治疗也可解决问题，不过还是需要通过评估再确定治疗方式和频率。

从专业诊断角度来说，我工作所在地北京军区总医院的诊断标准是把平均每日连续使用网络时间达到或超过 6 个小时，且符合症状标准已达到或超过 3 个月的人诊断为网络成瘾患者。一旦到了这个阶段，患者一般会有共病特点，如同时伴有抑郁、焦虑、社交恐惧、强迫人格改变等精神症状和心理障碍。这些潜在的心理病症不解决，孩子很难从网瘾中走出来。

要想解决网瘾，短时间内无法做到，门诊治疗基本上是无效的，必须接受住院治疗，方可有所成效。毒瘤形成绝非三天两日的事，要想拔去当然也非轻而易举。而且，对于所有的网瘾患者而言，上网行为即使是病态，也同时对自己具有保护意义，这是他对现实生活的一种消极防御方式，去除网瘾就是拿掉他的保护伞，自然会遭到他的强烈阻抗。

所以患者父母还是要做好心理准备，同时积极地配合和参与治疗。家庭治疗也是重要的治疗单元，成瘾复发率高和外界没有给愈后患者一个支持性的环境、没有让他继续在现实生活中恢复失去的社会功能，有很大关系。

成为职业玩家是网瘾患者的出路吗？

2003年，国家体育总局正式批准我国开展"电子游戏竞技"的体育项目。在过去15年，电子竞技在中国实现了从业余向商业化和职业化的转变。这让许多不知内情的青少年开心不已，以为每天可以名正言顺地玩游戏，从此让父母不以为意的玩物丧志变成堂而皇之的职业运动。对于极度热爱游戏的青少年，他们以为这是自己梦寐以求的生活。

遗憾的是，电子竞技并不是如此春光明媚，所有的职业运动员都一样，好成绩都是通过刻苦训练而来。通常他们每天有长达10个小时的训练，每周只有一天休息，而且薪水微薄。据了解，目前国内电子竞技俱乐部的一般职业选手，只有通过获得国内比赛甚至是国际比赛的冠军头衔，才能拿到所谓的高收入。而且俱乐部对他们有成绩要求，几次比赛出不了成绩，一般的选手就会被俱乐部开除，而新的选手很快会补充上来。每一个电子竞技选手实际上都是在巨大的精神压力之下度日的。

有一个数值能够直观地反映电子竞技选手训练的刻苦程度，这个专业名词叫作"actions per minute"，简称APM，即每分钟操作的次数，包括鼠标左右键以及键盘的敲击。电子竞技职业选手的APM值最少也要在300以上，看起来手指轻轻地在键盘上优美熟练地滑动就好像是钢琴家一样，但能做到这一点的职业玩家并非天生矫健，而是平均每天花十个小时坐在电脑前经过刻苦训练获得的。

另外，这项运动甚至是比T台模特还要彻底的吃"青春饭"的一个职业，一个电子竞技选手从18岁开始，最多只可能有6年左右的竞技时间，到了25岁左右，反应能力开始下降，就将难以适应这种高强度的对抗。电子竞技虽然已经被国家体育总局列为"体育项目"，但是，哪怕是电子竞技圈中的知名选手，退役后的生活保障也远不及传统竞技体育项目的运动员。

我想了解到这些具体情况后，很多孩子会知难而退，职业电子竞技一点都不好"玩"。社会的偏见、训练的艰辛、收入的微薄和未来的无保障都令人不免却步。

个案W，男，22岁，父母在他3岁时离异，他长这么大，父亲只和他见过几面。W高中辍学在家，无业，自称玩职业化的电子竞技，被妈妈骗过来治疗。他说："我和别的孩子没共同语言，他们都是玩网游，我是玩职业。"事实上，他在电子竞技场地，看见激烈的比赛场面，会紧张得不停咳嗽。

在治疗最初，我没有撕开他的伪装，只是顺应他的思路，认真和他探讨这个话题："为这个理想，你做了哪些努力？"这是问为一个职业付出的努力，而不仅仅是热爱，热爱没有压力，今天爱明天可以不爱，职业当然是要讲究责任心的。

当然，凡事的确有例外。韩国电子竞技选手林耀焕，就是一个厌学以后沉迷游戏、曾经让家人失望愤怒的少年。他却逐渐走上职业化道路，找到了属于自己的舞台，甚至得到韩国总统的接见，还与卢武铉对打了一盘《星际争霸》。在与红星全智贤合拍的广告中，全智贤只能当配角，在最后几秒钟小露一下脸，对着男主角林耀焕露出粉丝般崇拜的眼神。

林耀焕的成功绝非偶然，他对游戏也非简单地成瘾，他有一种破釜沉舟的力量，还是用他自己和他教练的两段话来说明问题吧。

> "后背和肩膀都不舒服，而且眼睛也有灼烧感。几个小时的训练过后，自己的手指头就又红又肿。不得不承认，训练真是很单调。此外，我的腹部也因为长时间地坐着而胖了起来。"
> ——林耀焕
>
> "他具备成为一个天王巨星的一切条件：勇敢、坚强、天分、勤勉和机遇。"
> ——林耀焕教练申贤石

先人曾言：世界上没有无缘无故的爱。凡事的发生有个缘故，发展有个过程。网络成瘾不是突发事件，不是天大的意外，我们只有去探求事件的连续性，方能问个水落石出，得个明明白白。最有价值的是用前路已然经受的教训充分警醒自己，以便我们为来路更好地做出准备。

警钟长鸣

与传统的游戏相比，现代游戏与现实给人们带来的不是一种轻松和谐的关系，而是一种隔绝对立的关系。电子游戏中玩家是不允许身边有任何干扰存在的，否则就危及结局的成败，因此，要想在电子游戏中成龙成凤，就必须远离现实生活，整天在屏幕前集中精力苦练。

结果，这样的人失去了与现实和与他人进行对话交流的愿望和能力。

传统的游戏则是让人在现实的怀抱中，学习做人和做事，即使是人格化程度最高的机器也不可能具有丰富生动的人性特征。

在电子类游戏中，人是被设计好的，你需要把自己纳入它的游戏规则，生活在激烈的戏剧冲突之中，生活在强烈的声光刺激和成败得失之中。但这些看似热热闹闹，电源一关，就是无尽的空洞。

天地那么宽广，何苦把自己缩至机器前小小一方领域，不知今夕是何年？

毕竟，人作为一个生命体，是一种和谐完满的存在，必须在不同的活动之间保持一种自由往返的能力，如在生活和工作之间自由穿梭往返，在游戏和现实之间任意来去，在学习和娱乐之间游刃有余，甚至在得意和失意之间上上下下，心无挂碍，保持精神世界的完整性，这才叫真正的自由自在，去留无意，宠辱不惊。

如果人失去这种往返和整合的能力，那么他的存在就会是残缺和分裂的。何苦作茧自缚，让自己的心那么痛呢？

电子游戏世界固然有趣，因为这是人用科技创造出来的大乐子，我们生活在这个科技发达的年代，错过这个乐趣也确实有些可惜，那就让我们开开心心地玩吧，但要拿得起也放得下，那才叫真本事！想玩时全神贯注，不玩时能完全抽身。有一天你发现自己抽不开了，那就不是玩游戏，是被游戏玩了，被它控制了，就像孙悟空逃不开那如来佛掌心。

生活如此多娇，有时也如此无聊，玩游戏就是图个乐子，但找快乐时可别忘了来时的路，人不是一个编码，游戏尽头没有我们的家，对不对？

有一天，当你发现自己不再年轻、世界不会为你改变，青春已经结束。

其实，老去并不可怕，你甚至也可以拒绝长大，重要的是你能对自己诚实，坦然承认自己到最终还是会后悔的。

那么，抓紧时间吧，在后悔来临之前学会爱与责任，并懂得用心珍惜！

回家吧！失魂落魄的游子们！

第八章
由内而外地成长

- 缺乏条理性，将直接导致学习的低效和混乱。
- 培养时间观，学会利用零散时间，利用时间查找漏洞。
- 有动才有静，能玩才会学。
- 有一种人注定没有未来，那就是脑子和身体都懒惰的人。
- 培养孩子的独立思维能力，要善用"问句"，且避免"是"或"不是"的回答。
- 不要小瞧犯过的错误，善于补过，错事才能变成好事，也能消除学习盲点。
- 学习效率的提高不是光靠学业本身，还取决于学习之外的因素，如人的体质、心境、状态等。
- 好好利用睡觉时也没闲着的大脑。
- 做作业限定时间，课堂上要专注，预习别太使劲，复习将知识化为己有。
- 四岁前是学习敏感期，一年级是学习习惯形成期，四年级是习惯定型关键期，初中阶段是学习技巧生成期，假期不是完全放松期。
- 功课差的孩子，只要找出一门基础相对较好的学科，就可冲出坏成绩的"重重包围"。
- 不断提醒孩子学习只会让他产生反感，尝试改换我们的言行脚本。

快乐成长和认真学习二者之间并不矛盾。毕竟，在应试教育的环境下，如果孩子学习成绩不够优秀，那么眼前的快乐会是有限的。

前面的篇章谈了如何才能有利孩子的心灵成长、让孩子有快乐童年、获得健康的生命状态的方法。我们不能顾此失彼，顾"学"失"心"。心灵成长和学业发展，是要两手一起抓的事，只不过这两个方面，绝对是"心"比"学"更为重要，失去心灵成长则失去了一切，失去了未来。我们先把这个主次关系理顺了，才能更好地去管理孩子的学业。

在孩子的整个成长期，学习是他的主要任务，孩子的身份就是学生，如果这个任务完成得漂亮（学业成绩优秀），对孩子是一个重要的肯定。我们常常会表扬那些成绩优异的孩子，也有一部分学生，虽然用功努力但总是成绩平平，从来没有获得和自己努力付出相应的表扬，这自然有失公平，很多学生会因为成绩不好而被挫伤了自尊心。

学业带来的成就感是孩子自信心的重要基石之一。当然，如果用尽各种办法，孩子成绩还是不理想，那也不要气馁，我们也有别的途径让他感受到在学校环境中的自信，下文中会有具体阐述。

所以，我强调孩子要重视学业发展，不是认为这个分数本身能够证明什么、有多么重要，而是由此可能带来的自卑心理或者在学校被边缘化的心理压力是不容忽视的。

养成好习惯

任何好的或坏的习惯，都是从小养成的。从学习角度而言，要孩子养成好习惯，一年级是极其重要的阶段。这时是他名正言顺地步入规律学习的时候，6 岁的孩子也开始懂得对某些事情认真起来，这正是培养他好习惯的最佳时期。

父母要关注这个学习的起始阶段，拿出更多的时间"陪"孩子，帮助孩子养成好习惯，培养他的自我控制能力。当然如果你的孩子已经过了这个阶段，也不用灰心，只要着手开始了，就永远不会太晚。我建议主要从条理性、时间管理、专注力、思考惯性、善于补过等以下几个方面来培养孩子学习的好习惯。

1. 条理性

W 不知道老师布置了什么作业，老师在批改作业时也发现他的作业经常不按照顺序做，也不写题号，根本弄不清他做的是哪道题，所以有些题他会经常做错或漏做。

W做作业时也经常是一片混乱，他每次等到写错了，才发现没有准备橡皮；铅笔折断了，才发现没有准备削笔刀；一会儿拿这个，一会儿拿那个，这中间来来回回就花去好多时间，本来是一个小时就能做完的作业，他要花两个小时甚至更多。

这个孩子就是缺乏条理性，表现得办事拖延、磨磨蹭蹭、没有重点，想到一出是一出。

W在学习上漫无头绪，学习成绩欠佳，其实他的生活也往往处在比较混乱的状态。这样的无序会让孩子觉得疲惫，但孩子自己还不知道问题出在哪里，不知道他的问题是因为"缺乏条理性"，而直接导致了自己生活和学习的低效率和混乱。

我们先环顾一下自己的家，家里的东西是否乱七八糟、被随意乱扔。打开你的衣柜，看看衣服是叠放整齐、归置有序，还是找起来要费半天劲。我们先反思自己是不是一个有条理的人，家庭生活的环境是有序的还是杂乱的。不要说工作太忙之类的理由，这是一个人的生活习惯和常态。

如果大人的生活没有章法，我们就不能责怪孩子看起来总是一副懒散疲沓的模样。孩子的条理性没有发展完善，最重要的原因是他根本没有可以学习的榜样。条理性这种习惯可不是依赖婴儿似的本能，就能够自动地习得的，是要"有样学样"。

如果你用"工作忙"的理由为自己开脱，孩子也会找到一堆借口来辩解为什么他总是丢三落四的，不是找不到作业本，就是丢了橡皮，不是忘记了老师布置的作业，就是忘了老师交待要带的学习用品……

我们可以从生活和学习两处来着手培养孩子的条理性。比方说，让他玩完玩具以后，收拾归位，分类摆放；看完的书要放回原处，东西不乱放，用完的东西都要回到它"自己的家"。他的书包、书桌、衣柜、床铺、房间地面……都仔细观察一下，从细小的行为上慢慢培养孩子养成做事有条理的好习惯。当然，想做到这些不是一朝一夕的事，需要家长有耐心和恒心，还要善于抓住教育的契机进行适时引导。

孩子在条理性方面有所进步之后，就更有能力掌控自己的生活，也能更有条理地安排自己的学习事宜。只有让他生活在一种井然有序的状态中，他才心里有谱，内心的压力才会减小，在学习上才能开始学会有条不紊。

2. 时间管理

一个孩子如果时间观念不强，不只会表现在学习方面，还会表现在生活与做事的方方面面。时间观念不强的孩子，不但做作业慢，做任何事都慢，所以平时生活中应该在各种小事上来注意培养孩子的时间观念。可以参考以下方法实施：

• 建立时间观

1 分钟专项训练

让孩子感受 1 分钟可以做多少事，体会时间的宝贵，发现原来 1 分钟可以做这么多事情。因为他只有产生了时间概念才能更懂得珍惜时间。该训练也可提高孩子的写字速度和做题速度。训练以 1 分钟为一组，每天 2 到 3 组。在训练的时候注意记录孩子的成绩，并进行对比。

（1）每天准备几十个简单的加减法口算题。规定 1 分钟，看孩子最多能做多少道题目。让孩子感受到 1 分钟都能做 10 多个小题，而自己写作业的时候，有时候几分钟也没写 1 个字，写不出 1 个小题。

（2）1 分钟写汉字训练，找一些笔画和书写难度相当的生字，看孩子在 1 分钟内最多能写出多少个字。记下每次的情况，并进行对比。

（3）1 分钟写数字训练。每天让孩子练习 1 分钟写"0123456789"的快速书写。写 1 分钟算一次，看一次能写几组，随着写的组数越来越多，孩子的书写速度变快，他更能感到 1 分钟能做很多事。

时间限定训练

让孩子学会在固定时间完成生活或学习方面的任务，学会在任务面前进行时间安排和管理，同时提高生活能力。

（1）规定孩子洗澡洗 10 分钟，而且不设闹钟，让孩子自己感受时间的长度！慢慢训练，这样孩子的脑子里就有了时间的长度概念，也有了抓紧时间的观念。

（2）15 分钟时间穿衣、洗脸、刷牙。

（3）1 分钟整理床铺训练。让孩子在 1 分钟内理好床单叠好被子。

（4）在规定时间内完成作业。

（5）1 周内阅读一本书。

初训练时，如果孩子在限定时间内没有完成任务，要鼓励他，只要有进步便表扬。孩子很快就能掌握方法完成任务。如果我们经常在孩子生活学习各方面加以督促，他的时间感就会变强。

• 学会利用零散时间

陆放翁诗言："呼童不应自生火，待饭未来还读书。"待饭未来的时候是颇为煎熬的，用于读书岂不甚妙？时间往往不是一小时一小时浪费掉的，而是一分钟一分钟悄悄溜走的。

大人都知道，许多事情是可以同时进行的，这是统筹安排时间的观念。但是，对于孩子来说，他的时间意识不强，往往每次只做一件事情，这样就浪费了一些零散时间。

如等车的时间、等着吃饭的时间、等人的时间、等动画片开始的时间……对于孩子而言，他们可以用零散的时间记忆零散的知识来学习。利用零碎时间识记单词或背诵古诗词来学习，远比用整块时间要好得多。父母可以教给孩子一些统筹时间的方法，帮助孩子提高时间的利用率。

教孩子定期检查时间的使用情况，使用时间查找漏洞。父母可以要求孩子每天把自己的时间运用情况记在日记本上，定期分析自己运用时间的规律，找出浪费时间的地方。这样可以帮助孩子减少时间浪费。

> 最长的莫过于时间，因为它无穷无尽；最短的也莫过于时间，因为我们所有的计划都来不及完成；在等待的人看来，时间是最慢的；在玩乐的人看来，时间是最快的；它可以无穷地扩展，也可以无限地分割；当时谁都不加重视，过后都表示惋惜；没有它，什么事都做不成；不值得后世纪念的，它就令人忘怀；伟大的，它就使他们永垂不朽。
>
> ——伏尔泰

3. 专注力

我们先看看科学得出的注意力保持时间是什么样的。

研究表明：不同年龄的孩子的注意力稳定时间是不一样的。

5~10 岁的孩子能集中注意力达 20 分钟；

10~12 岁的孩子能集中 25 分钟；

12 岁以上的孩子可以集中半小时以上。

不同年龄段的孩子的注意力是不同的，同一年龄段的孩子的注意力也是不同的。孩子注意力集中时间的长短，还取决于孩子的性格。

所以我们应该综合考虑来引导孩子，硬要让 10 岁的孩子静坐 60 分钟去专注地完成作业几乎是不现实的。因此，父母要根据孩子的实际情况，要求孩子在相应的时间内集中注意力，力争完成作业任务即可。

如果孩子的作业量超过了孩子注意力稳定的时间，可以让孩子分割作业，按部分来完成，这样不仅有利于孩子集中注意力，而且能够使孩子的学习有张有弛，提高他的学习效率。

研究表明，学习的头几分钟一般效率较低，但随后会不断上升，并在 15 分钟后达到顶点。根据这一规律，父母可建议孩子先做一些较为容易的作业，在孩子注意力最集中的时间让他做较复杂的作业。

- **力除干扰**

孩子的注意力与周围环境有很大的关系。父母应该给孩子一个安静的学习环境。

孩子的房间里不要布置炫目的干扰物，孩子的房间墙壁上除了张贴公式、拼音表格外，书桌上除了摆放文具和书籍以外，不应布置太多图画或照片等杂七杂八，与学习无关的东西，以免孩子被无关的刺激所吸引。

在孩子学习时，父母尽量不要开电视或电脑；父母之间也最好不要大声交谈，或在孩子周围走来走去。

- **有动才有静，能玩才会学**

专注是指在一定时间内高度集中注意力，而不是指长时间地集中注意力。对于孩子来说，长时间集中注意力并不是一件好事。

学习并不是花的时间越多越好。玩是孩子的天性，当孩子的天性没有得到满足时，他是不可能专注地做其他事情的。如果父母不允许孩子中途休息，还唠叨没完，长时间地让孩子做作业，会使他们产生抵触心理。有的孩子还会有意拖延时间，一边写一边玩，在学习时走神、发呆、玩铅笔等，效果反而不好。

提高学习效率一个重要手段是"学会用心"。学习的过程，无论是用眼睛看、用口读、用手写，都是作为提高用脑、增强用心的手段。比如说记单词，如果你只是随意浏览或麻木地抄写，也许要很多遍才能记住，而且不容易记牢；如果你能充分发挥自己的想象力，运用联想的方法去记忆，往往可以记得很快，而且不容易遗忘。

要想发挥脑的潜力，必须做到集中精力，全身心投入学习才能有所收获。

一般来说，对于家庭作业，父母要帮孩子安排一下，做完一门功课可以允许他休息一会儿，不要让孩子太疲劳。父母可以合理地要求孩子在规定的时间内完成作业。

生活中，父母多与孩子一起看看书、下下棋、玩玩拼图游戏，这些活动都是需要集中注意力才能进行的，对培养孩子主动去注意很有益处。如果孩子注意力不集中是因为感觉综合失调引起的，父母就应该带孩子到专门的地方，通过特殊的运动器械和医疗器械，由专业人员指导孩子进行感觉综合训练来恢复注意力。

以上提到的条理性和专注力都是和时间管理紧密联系的，三者之间并不孤立。如果一个人有条理性，行事有条不紊，自然就会更有效率地利用时间，表现出统筹安排的能力。从专注力和时间管理上，如果他认为做作业的时间富余，专注程度就会下降，效率也随之降低；可一旦他知道自己必须在限定时间内完成某事，就会自觉努力，从而大大提高效率。所以在引导孩子时需要对其做出一些合理的时间限制。

4. 思考惯性

人类之所以成为万物灵长，在于具有思维能力。一个不爱动脑子思考、思想懒惰的人是不可能爱上学习的。我想世界上有一种人注定没有未来，就是脑子和身体都懒惰的人。

孔子曰："学而不思则罔。"孩子要在学业上有所发展，必须具备独立思考的能力和经常思考的学习习惯。就智力发展而言，思考的过程比思考的结果更重要。

怎么培养孩子习惯去思考呢？"发问"就是思维的起点，能够帮助孩子敞开一条思考的通路。

"发问"就是提出问题,让孩子的大脑经常处于活跃状态,通过这种方式来锻炼孩子的思维能力。那怎么提问题呢?

• 善用反问

孩子问:"妈妈,为什么每天都要睡觉呢?"

你可反问他:"假如小孩子每天都不睡觉,你想想会变成什么样?"

反问他用"假如……"正是最好的办法。这时孩子会开始想出种种可能发生的结果,对于孩子提出的问题,可反过来问孩子,使孩子了解问题本身的意义,让孩子自己主动思考,发现答案。

另外,也可用"你认为呢?""为什么?"反问孩子,让他进行思考。

如果孩子问:"小鸟为什么会飞呀?"这时,你可以反问孩子"你认为呢",甚至还可以再问"还有呢?"来培养孩子的发散思维。被动接受答案和主动发现答案的效果完全不一样。

• 避免"是"或"不是"的回答

我们发问的方法也有高有低,提出的问题应尽量避免让孩子回答"是"或"不是"。

向孩子发问,不要问答案是对或错的封闭式问题,最好依据孩子的能力,问一些开放性问题,以便他们思考。

例如问孩子:"今天天气很热吗?"他只会回答:"是的。"

如果改变一下问法,"你觉得今天的天气怎么样?"所获得的答案一定五花八门:"很热,没有一丝风呀!""天真蓝,太阳好大。"点点滴滴都反映出幼小的心灵对世界的认识。

问孩子问题时,可以用"为什么""觉得如何""哪里""什么""你觉得该怎么做"等词。为了回答此类问题,孩子必须好好思考,自然训练了自己的思考力与表达力。

尽量让孩子多思多想多发言,而不是父母自己不停地说,像导师发表演讲。

• 有问不答

爱因斯坦说过:"知识,只有当它靠积极地思维得来,而不是凭记忆得来的时候,才是真正的知识。"

孩子遇到难题,我们有时不必马上作答,也不要让他马上去问别人、急于和别人讨论,可鼓励他从书本上和实践中寻找答案。凡事先经过自己大脑一番苦思,才能培养出独立思维的习惯。

比如,在孩子看完足球比赛之后,让他谈谈他的见解;新买的玩具不会玩,不直接告诉孩子怎么玩,让他自己琢磨出个所以然;对一个问题,给他几个答案,让他选择一个,并说明理由。日积月累,孩子的思维能力就会大大提高,慢慢养成独立思考的习惯。

台湾学者陈龙安认为良好的发问应该包含十个方面,他总结了一个"十字诀":假、例、比、替、除、可、想、组、六、类。

"假"就是发问时以"假如……"开头,让孩子进行思考;

"例"就是让孩子在回答问题时多举例子；

"比"就是让孩子比较两件事物的异同；

"替"就是让孩子思考有什么是可以替代的；

"除"就是多问孩子"除了……还有什么"；

"可"就是让孩子思考可能的情况；

"想"就是让孩子想象各种情况；

"组"就是教孩子把不同的东西组合，并思考组合在一起会如何；

"六"就是"六何"检讨策略，即为何、何人、何时、何事、何处、如何。

"类"让孩子类推各种可能性。

有一天中午，北宋著名哲学家邵康节与12岁的儿子邵伯温正在院子里乘凉。这时，院墙外边突然伸出一个人头，朝院子中瞅了一圈，又缩了回去。

邵康节问儿子："你说这个人在瞅什么？"

儿子说："八成是个小偷，想偷点儿东西，看见有人就走了。"

邵康节却说："不对。"然后，他启发儿子道："如果这个人是小偷，他见到院子里有人，肯定会立刻缩回头去。但是，他明明看到院子里有人，却还是瞅了一圈，这说明什么呢？"

儿子想了一会说："哦，他恐怕是在找东西吧。"

邵康节又问道："是的，但是他只瞅了一圈，那是找大东西，还是找小东西。"

儿子回答："是在找大东西。"

> 邵康节又启发儿子道："那么，什么大东西会跑到我们院子里来呢？那个人又是农民打扮，他会来找什么东西呢？"
> 这回，儿子坚定地回答："他肯定是来找牛的。"
> 邵康节满意地点头道："说得对，他是来找牛的。以后，你要多动脑筋才是。"

5. 善于补过

《易经》言："无咎者，善补过也。"人生没有真正的无咎无过，要追求没有毛病的话，就要"善于补过"。不断反省自己，经常检查自己是否有过错，然后积极行动起来，光知道错了远远不够，更重要的是要把错改过来，变成对的。关键在于善补过，错事才能变成好事。

在学业上亦是如此：一个错误就是一个盲点，对待错误的态度不端正，或是缺乏合理的方式解决错误，错误就有可能再发生，而且经常会重复发生，所以对错误一定认真对待。对于做错的题，应当认真思考错误的原因，是自己知识点掌握不清还是因为马虎大意，分析过之后再做一遍以加深印象，这样做题效率就会高得多。做题效率的提高，很大程度上还取决于做题之后的过程，也就是补过的过程，不要小瞧犯过的错误。

提高学习效率

要想学习成绩好,靠的不是机械地投入所有的时间,或是投入所有的精力。没有技巧的努力有时依然低效,努力卓有成效、学习高效率才是硬道理。另外,有时学习效率的提高,不是光靠学业本身,在很大程度上还取决于学习之外的其他因素,如人的体质、心境、状态等。

1. 积极的学习状态

• 劳逸结合

学习效率的提高最需要的是清醒敏捷的头脑,所以适当的休息和娱乐不仅是有好处的,更是有必要的,是提高各项学习效率的基础。

首先人要保证充足的睡眠和饱满的精神。大脑和我们身体的其他部分一样是靠葡萄糖来运转的。用计算机扫描仪提供大脑的现实图片,会发现当一个人24小时不睡觉时,葡萄糖的应用力急剧下降,虽然那时脑区还有足够的葡萄糖,但其大脑活动性却下降。

所以要保证生活的规律,形成良性循环。早上不赖床,晚上不熬夜,定时就寝。中午最好午睡,哪怕打个盹也好,用中医的说法,这叫"偷阳气"。

同时也要坚持体育锻炼。没有好的身体，再大的能耐也无法发挥。身体都缺氧了，大脑能不缺氧吗？大脑的活动在很大程度上依赖氧气和葡萄糖。即使学习再繁忙，也不可忽视放松锻炼，这样有利大脑的充足供氧，从而使其发挥最大效能。

玩的时候痛快玩，学的时候认真学。一天到晚伏案苦读，不是良策。学习到一定程度就得休息、补充能量。但在学习过程中，一定要全身心地投入，让手、脑与课本对话和交流，手脑并用。只有玩的时候尽兴，学的时候才能达到"虽处闹市，而无车马喧嚣"的境界。

• **管理情绪**

每个人都有过这样的体会，如果自己的精神饱满而且情绪高涨，那么在学习一样东西时就会感到很轻松，学得也很快，这正是我们能达到学习效率高的原因。那么，请鼓励孩子保持乐观开朗的心境和热情向上的生活态度，孩子每天有个好心情，做事就会干净利落，学习就会积极投入，效率自然高。

另一方面，让孩子和同学保持良好关系对他也很有益。和同学一起团结进取，能使孩子在学校氛围中感受愉快生活和团体力量，他投入学习的心气会更高。

我们需要给孩子营造一个十分轻松的氛围，这样他学习起来才会感到格外地有精神。

2. 学习环节的把握

• 做作业限定时间

连续不断地学习很容易使自己产生厌烦情绪，对作业的完成做一些时间限制，可以尝试把它分成若干个部分，每一部分都限定时间，例如一小时内完成这份练习，八点以前做完那份测试，等等。这样不仅有助于提高效率，还不会让人产生疲劳感。如果可能的话，逐步缩短孩子写作业所用的时间，不久你就会发现，以前一小时都完不成的作业，现在他四十分钟就完成了。

提高做题效率，最重要的是选"好题"，见题就做往往事倍功半。题目都是围绕着知识点设置的，而且很多题是相当类似的，首先选择想要得到强化的知识点，然后围绕这个知识点来选择题目，题并不需要多，类似的题只要一个就足够，但选好题后就必须认真去做，把这道题吃透了。

• 课堂上要专注

课上听讲是学习中最重要的一环，如果课上把握不好，仅靠课下自学，那就真费时费力了。上课够专注，才能保证良好的听课效果。

孩子课堂上所做的主要工作应当是把老师讲课的内容消化吸收。适当做一些简要的笔记即可，除了十分重要的内容以外，课堂上不必很详细地做笔记。课堂上忙于记笔记，会影响听课效率。

当然，完全不记笔记也是不合适的，有了笔记，复习时才有基础，书上有的东西当然不用记，而要记一些书上没有的定理定律、典型例题与典型解法。

• 提前预习

预习是为了熟悉即将学习的内容，在课堂上能够有针对性地学习一些自己此前不太明白的地方，从而在课堂上有效解决疑问。

预习并不是时间越长越好，应该根据学习计划中提供的实际时间来安排，不能因为预习时间过长而挤掉学习其他科目的时间。预习的重点应放在自己比较薄弱的学科上，对于自己擅长的学科，可以酌情减少投入。

预习时，我们不必学得太细。过细，一会浪费时间，二会使自己上课时难免松懈，反而忽略了最有用的东西。

要使预习达到最终的目的，上课时认真听课是必需的。任何人也无法整节课都集中精力，所以上课期间也有一个时间分配的问题，在老师讲自己很熟悉的东西时，可以适当地放松一下，如果是不熟悉或者不易懂的内容就得全神贯注。

> 人的遗忘规律是德国心理学家艾宾浩斯研究发现的，他提出了著名的"人的遗忘规律图"。他认为人们在学习知识后，遗忘的进程并不是均匀的，而是最初的速度很快，以后逐渐减慢。也就是说，人的遗忘规律是先快后慢的，人们要想把知识记得牢固，就要做到及时复习和不断复习。

• 及时复习化为己有

复习会使学过的知识得到巩固和加深，人在复习中达到对知识的深入理解和掌握，使知识融会贯通和系统化。只有通过这样的过程，人才能使知识真正为自己所有。

复习时间不能过长，重复的次数也不要过多，不然会使孩子产生厌倦的情绪，影响复习的效果。

不要让孩子整个晚上都复习同一门功课。如用一整个晚上来看数学或物理，这样容易疲劳，而且效果也差。让孩子交替复习文科和理科，情况要好得多。

复习的时间相当重要，根据遗忘的"先快后慢"规律，每天放学后，就应该让孩子及时复习当天所学的内容，避免知识被很快遗忘；每个周末可以让孩子进行小结复习；单元学习完了，就进行单元复习。这样经常性地复习可以让孩子及时巩固所学知识，避免临考前突击。

具体的复习方法有很多，包括阅读、背诵、做练习以及实验等。具体采取哪一种方法应该根据孩子的不同偏好而定。有些孩子偏好视觉记忆，复习的时候就以默读为主；有些孩子偏好朗读记忆，复习的时候就以大声朗读为主。此外还有一个重要的复习方法就是——

• 睡前回忆

睡前回忆（脑内放电影），也就是每天在睡觉之前，躺在被窝里

睡觉时大脑也没闲着吗？

绝大多数哺乳动物的睡眠都被划分为两个独特的阶段——第一个阶段的特征是动物眼睛迅速转动，也就是著名的 REM 睡眠，即快速眼动睡眠（浅睡）；而另一阶段则被称为 non-REM 睡眠，即非快速眼动睡眠（深睡）。

"关于记忆，我们的理解总是很天真。"哈佛医学院神经学专家罗伯特·斯蒂克高德研究了睡眠对于程序记忆的影响。他让受试者用左手尽可能快地打一串数字。研究人员发现，如果受试者在早晨接受试验，12 小时之后再重新测试一次，他们的精确度并没有什么大的提高。但在一夜好觉之后再接受测试，他们的速度提高了 15%~20%，精确度提高了 30%~40%。

最让斯蒂克高德吃惊的是，成绩提高幅度最大的都出现在花最多时间在 non-REM 睡眠上的人身上。有些时候，就算是合上眼睛一个小时也会有很大的不同。

德国卢比克大学另一项研究探究了为什么睡眠往往给人们思考难题带来非常大的帮助。

106 名受试者将一串数字转换为另外一串数字，其中隐藏了计算诀窍。夜间睡眠良好的参与者发现诀窍的概率从 23% 提高到了 59%。换句话说，睡眠可能并不一定让人们直接获得解决问题的洞察力，但对人们的奇思妙想的确有很大的帮助。

可见，人在睡觉时大脑也没闲着，睡眠以某种神秘的途径运作帮助大脑掌握各种技能，如学习怎样弹钢琴、骑自行车等，使我们在更高程度上获得新学的知识。

回忆当天课堂所学习的内容和回家做作业的学习过程，想想当天学了些什么？哪些懂了？哪些还没弄懂？这样，当天学过的知识，就以这种看电影的方式消化吸收了。

这个方法之所以有效，是因为有一定的科学性：睡觉前把一天所学的知识在大脑里过一遍，这样的思维活动不仅有助于对学习内容的记忆加深，而且有助于大脑进一步对所学知识进行加工。要知道人在睡觉时大脑也没闲着，有关睡眠与认知技能关系的研究一直是许多科学家努力的方向。

抓住学业关键期

1. 0~4岁

在4岁前，人会发展出大约50%的学习能力，在8岁前又会发展出额外的30%。

这个百分比的含义不是指掌握了多少知识和智慧，学习了多少

> 印度"狼孩"被人发现时已有7岁多，没有语言能力，不能直立行走，更不会与人交流。他重返人间后经过了长达6年的专业人员的护理，也只学会走路，到17岁时才学会十几个单词，智商只有4岁孩子的水平。
>
> 1970年，美国的社会工作者发现了一个叫基妮的13岁半的小姑娘，她被狠心的父母关在一个与世隔绝的地窖里，除了吃饭，其他什么也不会，甚至不会说话。经过6年的系统教育，到19岁时，她的语言能力依然只相当于一个正常的5岁儿童，而且她永远也不可能恢复到完全正常的水平了。

古诗、算数、外语，而是构建起了多重要的学习通路，因为以后的学习都将以此为基础。

每个孩子一出世，除非有脑损伤，否则个个都是亟待发展的天才。儿童出生后的最初几年是脑发育的关键时期，这个时期儿童的脑部具有天才般的学习和吸收能力，对这个未知的世界有着充沛的热爱和好奇，我们就是要努力抓住这些敏感的时期。

这两个案例说明，即使有正常的遗传基因，如果错过了心理发展和学习的关键期，还是会形成永远无法弥补的缺陷。

所谓"关键期"，是指一些特定的年龄时期，孩子在这个时期特别容易学会和掌握某种知识技能或行为动作。在关键期对孩子进行及时的教育，孩子学起来容易，学得也快，如同农民不误农时进行播种，能收到事半功倍的效果。

儿童心理学家的研究认为：

2~3岁是儿童口头语言发展的关键期，这个阶段儿童学习口头语言非常快，如果让儿童生活在非母语的环境中，用不了一年他就能学会这种日常口语。

4~5岁是儿童学习书面语言的最佳时期，在这个阶段，儿童掌握词汇的能力发展最快。儿童掌握数的概念的最佳年龄区间是5~5岁半。

从初生到4岁是儿童视觉发展的关键期，这个时期儿童的形象视觉发展最迅速。斜视儿童在4岁之前容易得到矫正，故4岁之前也是双眼能力发展的关键期。

2. 小学一年级是学习习惯形成期

习惯的培养越早越好，学习习惯的培养也是如此。下文将以预习语文作为学习习惯培养的示范。

> 妈妈："你每天看书里的一个小故事，看完就把这个故事讲给妈妈听，你觉得这个故事怎么样呀，好不好玩，有没有你不认识的字或者词语什么的。"
>
> "好的。"孩子高兴地看起书来，看完后，他就把自己的想法跟妈妈说了。妈妈和孩子做了些交流，引导他记录不懂的字和词语，还有一些不太懂的句子。后来，妈妈又开始慢慢引导孩子预习起数学等其他课程，帮他养成了预习的好习惯。

3. 小学四年级是习惯定型关键期

从习惯养成的过程来看，四年级是强化良好习惯和改变不良习惯的关键时期。

日本的一项调查表明，从小学四年级到高中三年级，学生学习习惯的培养程度并不会随着年龄的增长而增加。而且小学四年级左右也是大脑思维发展的一个重要阶段，是从具体形象思维形成到逻辑抽象思维形成的过程，这个阶段的孩子能够掌握复杂因果关系。

可见，养成良好学习习惯的关键时期是小学中低年级。孩子在进入小学中低年级以前形成的学习习惯比较容易改变，而四年级以后，除非进行特殊的训练，否则养成的学习习惯很难改变。从孩子意志力的发展来看，四年级是孩子通过克己而主动形成良好学习习惯的重要时期。

尽管在这个阶段，孩子的意志力发展还只是初步的、不稳定的，但是，四年级孩子的意志发展正由弱到强、由他律向自律过渡。孩子的行动从受教师和家长的约束调节逐步发展到受自我认识的制约调节。四年级孩子的学习动机不再是为了得到老师、同学、家长和其他人的肯定性评价，即使没有直接的奖励，他们也会努力达到较好的学习结果。

4. 初中阶段是学习技巧生成期

孩子幼时，父母可以手把手地教他们；孩子上了初中之后，我们应该在大方向上给予孩子指导——教孩子有效的学习方法。初中是孩子从小学到高中的过渡时期，从进入初中开始，孩子的学习思维、学习方法等将完全不同于小学时。初中三年对孩子而言是一个非常重要的转折期——一个告别小学思维的关键期，一个培养科学的、适合自己的学习技巧的关键期。

进入初中，学习科目突然增加了不少。在小学毕业的假期，父母可将中学阶段将要学习的历史、地理、生物等课本作为课外阅读书推荐给孩子，挖掘有趣的内容，这样，他学习时会轻松很多，也会有更多的时间学好主科，从而更轻松地进入初中学习状态。让孩子顺利地度过初一的适应期,把初二作为提高期,初三作为冲刺期。让他打下坚实的基础向高中进军。

还有,小学甚至初中,没有真正的学业落后,也不存在绝对的成绩优秀,一切都是可逆转的。逆转的强大力量就是不要放弃希望,父母要和孩子一起努力。

5. 假期并非完全放松期

假期孩子闲暇时间较多,父母可以安排孩子适当阅读课外书,拓宽知识面,再增加一些课外活动,丰富假期生活。总之千万不要在假期放纵孩子,这样不但浪费了时间,而且容易让孩子在开学的时候无法收心。但是,此处说假期不能完全放松,并不代表要给孩子增加学业上的任务,而是保证其生活规律,按时起床、睡觉等正常作息,同时再充实假期生活。

扫清学业障碍

1. 孩子好像不是读书那块料,努力了还是成绩平平怎么办?

首先我们排除孩子学习失能的情况,如阅读障碍、计数障碍、书写障碍等，再排除他学习技巧上存在问题的情况，如果排除后，孩子经过努力还是成绩一般，那我们的注意力先从学习上移开，重点放在：不要让孩子看见成绩单就泄气，认为自己比别人笨，产生低人一等的心态。

在人群当中，真正学业优秀突出的人总是有限的，不是每个孩子都能在学习成绩方面获得奖赏。但我们坚信，每一个孩子至少拥有一种能力特长（如果你觉得你的孩子没有任何特长，那我只能说你缺少一双善于发现的眼睛）。

对于有些孩子而言，他的才华恰好表现在课外活动中，如学生管理工作、体育文艺活动、活动组织能力、交友能力，很遗憾这些能力在成绩单上可能看不见，这样对拥有这些重要能力的孩子是不公平的。

人的长处不仅限于学习成绩，期末成绩单不仅要反映分数，还要有对学生进步的描述、对孩子各方面能力的优缺点的指导，这样才算公平。全面客观的评价方式，会让学生对自己有更清楚而且积极的认知。

其实，多方面能力在成绩单上的体现，对成绩好或不好的学生都具有指导意义。比如说一个成绩拔尖的孩子，与同学相处糟糕，其实这也是件需要我们认真对待的事。

在一个尊重多样性的社会里，首先我们必须想出更多评估孩子的方法，突出他的擅长之处，引导孩子意识到：不仅可以为考了高分骄傲，也可以为与同学关系好、组织了一场春游活动、是一名运动健将而骄傲。当然，前提是我们做父母的自己能够意识到这些，然后与老师进行沟通，让孩子在学校有表现的机会。

一个孩子成绩平平甚至成绩较差不可怕，但如果他为此泄气，封闭自己、拒绝人群，甚至抑郁，才可怕。

> 日本心理学家长岛真夫等人曾做过一个实验：从小学5年级的一个班级中挑出8名在班中地位较低的学生，任命他们为班级委员。一个学期后，实验人员发现他们在班级中的地位显著上升，并且这些孩子在自尊心、安定感、活动能力、协调性、责任心等方面都有明显的改善。
>
> 孩子性格的形成受家长和社会期望的影响很大。所以，在日常生活中，家长应当永远把自己的子女当作有希望的孩子来教育和培养。

2. 孩子已经退学在家怎么办？

通常，如果孩子已经发展到不愿进学校，退学在家，说明他在学校各方面都感受到了伤害，这样的状态下父母不要再一门心思幻想着孩子马上回校上学，即使回去了，也没有任何意义，也许最后他们还是厌学。父母可尝试如下操作：

1. 先保证一件事：情绪稳定地接受事实。尤其不要在孩子情绪极端地拒绝学校的时候，呵斥或者乞求他去学校。

2. 督促孩子继续保持正常的生活状态，如作息时间要规律，不上学并不代表这个人就要全垮掉，生活就可以随随便便对待了，尽量监督他准点起床准时睡觉。

3. 做一件有益的事情，就是在家培训他的生活技能，如做饭、擦地、洗衣等，甚至可以鼓励他为爸妈做好一日三餐，带他到菜市场等地方进行生活用品采购，让他不走进学校，就更多走进生活。

我们不要让孩子以为读书上学是世界上最累的事，退学在家就可以睡大觉，凡事不管；不要让他以为你只关心他的学习，退学的行为会导致你会像天塌下来似的骂他。你越紧张，他可能会越无所谓。

你甚至可以幽他一默："宝贝，你不去学校了，确实遗憾，但妈妈还有一点点小喜悦，终于有人替妈妈分担家事了。接下来的时间，有劳宝贝了！"

需要注意的是：这样做意在培养孩子的责任意识，我们的口气不应是命令式的——"别忘了做你该做的事，在家闲着，你该干点家务了。"而是合作式的——"我们需要你的帮忙"。后者的口气更有可能让他去配合。因为，只有帮助他人的愿望和行动才能让孩子感到光荣、拥有自我价值感。这一方法也可以使用在早期对孩子家务杂事的训练中。

有的孩子经过一段时间的生活培训，会因为劳动付出，产生自我价值感而增强了对自我的信心，由对生活的一份责任感延伸到对学业的责任感。

父母需要理解孩子暂时的困难（告诉他："爸妈永远和你是一伙的！"），和他站在一起，当孩子对学校的抵触情绪慢慢降低，能慢慢把心敞开的时候，再继续和他探讨"问题出在哪儿"，帮助他重返校园。

千万不要放任自流,让他流向社会,向不良群体寻求安慰,让问题严重化。

3. 孩子每门功课都在班上垫底怎么办?

在这样的事实面前,我们不能一脸沮丧,"恨铁不成钢"。首先收拾好自己的坏心情,行动起来做点什么比在那儿生气或者埋怨都强。我的建议是和孩子一起找出一门孩子相对基础较好,或者孩子较感兴趣的学科,实施重点突破。

所谓重点突破就是制订学习计划,在一段时间内重点提高这门课的学习成绩,最好是请家教协助完成,如果父母有时间也可自己带着孩子向前冲。经过一段时间的集中努力,我们有理由相信孩子的这门学科成绩能往上走,在班上获得较为理想的好名次,并且让好名次稳定下来,然后再去攻破其他的学科。

太多门科目成绩不好,孩子就像沦陷其中,但只要我们能够找到一个突破口,帮他冲出坏成绩的"重重包围",有一门学科出现胜利的曙光,孩子就会获得自信。所以首门学科突破的意义不在于考试分数提高了十分八分,而在于让孩子重新获得学习的自信心,不让他小瞧自己,认为自己"是个在学习上没用的家伙""不是读书这块料",再把重塑的自信继续发挥到别的科目。

在寻求学科突破时,父母不要"君子动口不动手",尽量认真帮助,和孩子一起制订较为周密的学习计划。也可以和经验丰富的家庭教师共同制订，把从时间安排到学科难易程度的循序渐进都考虑在内。同时，在学习气氛上保持相对的轻松，不要让孩子体会到压力，而要表现出对孩子的信心，只要我们有个良好的计划，就不用担心失败。

4. 怎样区别对待不同学业阶段的家庭作业？

家庭作业有两个作用：一是督促孩子完成学业任务，二是有助于提高孩子的时间管理能力和责任心，使其成为一个独立的学习者。

不同阶段的孩子面对家庭作业要分别对待，对于低年级学生，做家庭作业的时间和学习成绩之间并没有相关性，因为这一阶段家庭作业的根本目的不是要学生去巩固学习内容，它无关学业本身，更多是使孩子形成学习习惯，帮助孩子成为有责任心的独立的学习者。

而对高年级学生来说，课业更重，自学的时间会越多，这种自学主要通过家庭作业来实现，一般在家庭作业上花的有效时间越多，学习成绩越好。当然，我并不赞成老师布置过多的家庭作业，以免弄巧成拙，学习能力还没得到提高，已经让孩子对作业感到厌烦了。这一阶段的家庭作业旨在促进孩子学习兴趣，提高其学习能力。

5. 孩子不想做家庭作业怎么办？

首先，我们不要不明就里地对孩子实施无意义的惩罚，比如说孩子没有完成作业就不许他看动画片不许他吃饭等。也不要有先入为主的假设：孩子犯懒，有意逃避，不认真学习。

先给孩子表达和申诉的机会，给自己和孩子培养感情的机会，坐下来好好了解，找出他不做作业的原因：他是一直就对家庭作业反感吗？是在某一学科上学习能力偏弱吗？缺乏有效的学习策略吗？他能想到的解决办法是什么？爸妈能够提供什么帮助？是否需要请人辅导？

如果孩子在掌握学科内容上有困难，拒绝作业的情况不会因为处罚而得到任何改善，他被逼急了只会更加地懈怠。

如果孩子单纯只是缺乏自我约束，那么给予其适当的纪律管制是有效的。

不管我们是用纪律管制帮助其约束，还是提供解决学业困难的支持，都会满足孩子对我们的期望，我们需要静下心来明确了解孩子真正的期望是什么。

6. 如何避免总是去提醒孩子做作业？

有些孩子在该做作业时还在看电视或者打游戏，难道是他记性不好，不记得还有作业没完成吗？是因为他没有发展出对学业的责任感和自我管理能力。

不断的提醒只会让他反感，而每天重复地唠叨："该做作业了！"让双方都感到厌倦，还导致关系紧张。

事实证明，我们在扮演家长角色时，当类似这样的台词无效时，就需要去换一些言行"脚本"。试试下面的"脚本"。

"家庭作业很重要，它促进你学习，对吗？"
"我经常为此唠叨，让你很烦吧？"
"我也很烦自己像个啰唆的老太婆，没完没了！"
"那我们一起来制订一个计划吧！"

尝试和孩子去制订一个有助他完成作业的计划，制订计划时别

> 制订家庭作业计划时可能存在的问题：
> ➤ 孩子坚持认为自己玩了以后才能专心做作业。
> "我理解你想法，玩是件让人开心的事，但如果玩累了做不了作业怎么办？"孩子必须参与制订计划的过程，家长要引导他说出怎样做才有可能完成任务，如果不这样做会有什么样的后果，并且列出计划失败后他应承担的后果，培养他去为自己的行为负责。
> ➤ 孩子为了早点出去玩，粗心匆忙地完成作业。
> 设定一个做作业的最短时限，即使他在更短的时间内完成作业，也必须等到既定时间结束才能去玩。
> ➤ 孩子坚持根据自己不可能实现的想法来制订计划。
> 顺应他的坚持，相信他的坚持，给他时间，按他的想法来办，如果失败了，事实就能告诉孩子：他所提供的计划不可行，让孩子心服口服地调整计划。计划完全可以在实施过程中不断调整，我们不能性急。
> ➤ 不安心做作业，边做作业边想着玩。
> 启发孩子在后果中发现这样的代价：在完成家庭作业时胡思乱想，花的时间越长，他玩的时间相应越短，最终浪费的是自己的快乐时间。

忘了一个重要部分，就是计划失败后的一些必要措施。在制订计划时，主要让孩子发言，父母是协助方。放手把责任和工作重心交给他，他定的事，他才会去遵守。

在这方面需要明确的是，纪律管制的目的是培养出孩子的责任心，父母不要总唠叨提醒着让他完成。

第九章
他山之石可以攻玉

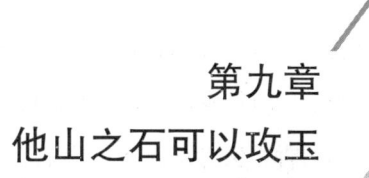

▶ 做家务
▶ 习太极拳
▶ 阅读
▶ 下围棋
▶ 去博物馆
▶ 旅行
▶ 学一门乐器
▶ 练书法

古语有言:"他山之石可以攻玉。"别的山上的石头可以用来雕琢玉器,意指利用其他更强大的力量来帮助自己达到目的。

以这样的哲思去考虑孩子的学业,就是让我们不要死盯在学业这一项内容上,还可考虑"曲线救国"的思路。凡事太过刻意,有时愿望反而不易实现。这就像我们日常生活中旋开一个盒盖要用巧劲,而不是下死力或蛮力。

"学业"如果像是尚待成器的玉,我们可以考虑借助别的山上的好石头来辅助实现,本章讲的九大活动就是这样的石头。这些好"石头"可以选择性地采用,除了家务活动必备一处,其余各项可酌情考虑,或者父母也可以顺着以上思路,想出更多益于孩子的事情。

在重视常规教育的同时,不妨丰富孩子的业余生活,以充分发挥他大脑的自动加工能力、培养重要的个人品质。

如果说教养孩子仅是想着让他学业提高,实在是太过小觑教养和大题小做学业了,我想根子上最重要的是——

有一天我们蓦然回首,猛然发现可爱的孩子已经成为一块上等"好玉"。

1. 做家务

我在工作中经常听父母这样说："只要孩子一心向学，我什么也不用他做。"这种想法很不明智，可惜这样的父母又太多了！希望孩子心无旁骛，把所有心思放在学习上，纯粹是自话自说。他们可不是学习的机器，会任你指定程序，我敢保证就算不干家务活，他们也会想或做和学习无关的事情。

我们都知道对孩子别打得太多、骂得太多，同样也别为他们做得太多。

尽管我们已经步入机器工作的时代，但目光远大的父母还是应该要求孩子从小就热爱劳动，让孩子从小乐于与父母分担家务，要求每个年龄段的孩子都承担力所能及的家务。即便是富翁的孩子，也应被培养为干家务的能手。

勤劳的童年意味着他将拥有一个懂得努力奋斗的未来，儿童时代培养的勤劳习惯将是帮助他事业成功的一块"跳板"。

培养劳动习惯应遵循如下"原则"——

★目的明确。让孩子干点家务，重点不是为减轻父母的家务负担，甚至也不是让孩子学会一些实用本领或增强动手能力，重要的是通过做家务来培养孩子的责任感、自信自尊和独立自主能力——这些都是塑造健康人格所必需的保障。

★早早开始。刚刚学步的孩子都有帮助父母的愿望。两岁的幼儿会帮助爸爸取一些小东西，能干的还能为妈妈在洗衣时将脏衣服分门别类。

★要求不宜太高。当然，一般来说父母干活要比孩子省事省力。但千万不要一看到孩子干活有点笨拙，就不耐烦地取而代之。这只会挫伤孩子的自尊心和积极性。

★不谈金钱。对孩子完成任务的最好报酬是赞许的微笑、拥抱和"谢谢"，或是当面表扬。相反用金钱作奖励或多或少会引导孩子"一切向钱看"，反而贬低了孩子参加劳动本来的价值。

★走出家庭。随着孩子年龄的增长，分配的家务活也应"与时俱进"。例如，为社区中的孤寡老人义务扫门前雪，可以让孩子有机会接触社会，并从中品尝到为别人服务的快乐，同时对进一步培养孩子社会责任感和独立工作能力也大有裨益。

> 美国的一些儿童教育专家自上世纪中叶起，就开始了一项对儿童"马拉松"式的长期跟踪研究，他们对居住在波士顿市区的456名少年的成长过程做了认真的观察和详尽的记录。在他们的研究对象中有不少孩子出生于贫穷家庭或离异家庭。如今，这些孩子早已立业，其中大多已有了孙辈。
>
> 当专家将他们的童年和成年做对照和分析时，发现了一个明显的事实：当年不论智力高低、家庭贫富，那些从小就接受了"爱劳动"教育的"勤快人"，比起那些"饭来张口、衣来伸手"的"懒骨头"，事业成功的比例要高出至少3倍！
>
> 研究组曾在被调查对象25岁、31岁、47岁、60岁时共四次跟他们见面。专家们对被调查对象当时的生活和精神状态与其童年时代的劳动习惯、体育运动水平、学习成绩、解决问题能力等方面的记录做了对比，结果他们惊讶地发现：童年时代是否养成了勤劳习惯竟然与成年后是否幸福、收入是否丰厚息息相关。

和童年最勤劳者相比，在童年时"四体不勤"者中，中年时"失业风险"平均要高 15 倍，被捕入狱者的比例要高 9 倍，罹患精神病者的比例要高 8 倍，英年早逝者的比例要高 3 倍，退休时财富总额只有对照组平均水平的 25%，自感"幸福"者的比例则只有对照组的 10%。

相对而言，被调查者童年时代的智力水平、受教育程度和当时家庭的贫富状况对其是否顺利成才反倒不那么关键。

这并不足为怪——孩子通过做家务或社会服务不但培养了才干，而且从小就意识到了家庭内部的每个人都须对社会和他人负起一定的责任，于是他们普遍都会奋发向上；此外这种勤劳还可引发"良性循环"——正因他们勤快努力，他们容易得到大人的肯定，而肯定反过来又必然激励他们更加努力上进，直至最后获得事业的成功。

2. 习太极拳

很多人在命运不济，体弱多病时，往往去求神拜佛或算卦算命。求上帝或神佛保佑是把命运交托出去，去接受"神秘力量"的控制。如果一个自己不努力的人，只要佛前一拜就能万事无忧，那对于努力生活的人是不公平的，"不劳而获"应该也是有违自然之"天道"的。

求人不如求己，人应该寻求一种自我发展的方式，坚持"我命在我不在天"，自我行动起来。你为自己努力和付出了多少，才决定你能发展到哪一步和能获得什么。同理，你为自己的身体努力到哪一步，决定了身体的素质，甚至寿命的长短。

所以，在日子过得不太顺心时，我们应该先去强身健体，改善生活规律，改变身体素质，把人的精气神提起来，生活那一潭死水才有可能变为活水。对一个人而言，他的精神、身体、心理、运气等等，都是相互影响的，没有健康的身体就不要去奢谈生活和生命的质量。

强身健体的方法很多，我要介绍的一种锻炼方式是太极拳，这点我是有亲身体会的。我自小和武术颇有渊源，先辈曾是黄埔军校的武术教官，家中因此有习武的传统。我也曾跟随陈氏太极亲传弟子、沈氏太极掌门人沈智大师习练太极拳、太极剑、内家拳等武术项目。

通过多年习练沈氏太极拳及陈氏太极拳，我领悟到，这种运动方式能让我身心合一、身强心健。

对于孩子来说，太极拳这种独特的锻炼方式可以使气血循环通畅、脑部血氧充足，增强大脑神经传导物质的活力，促进大脑神经系统的发育。在锻炼时，我们的大脑处于 α 波状态，α 波状态是学习最有利的"频率"，可以使脑细胞活跃、脑血流增加，让头脑保持清醒。

此外，习练太极拳不仅可以开智，而且更难得的是能让孩子收获一种生活方式，让他从小迈向一条文武双修、智勇双全的生命之路。我想它具备的巨大潜能是其他的锻炼方式所没有的。

有时我们真的应该感激自己能生活在这样历史悠久的国家。被那么多的传统文化滋润着，我们没有理由不骄傲。我们可以任意地在传统中发现资源，就像捡拾一颗颗闪亮的珍珠。古为今用，就地取材，这是何等便利，连外国友人都要漂洋过海来追随中华之魂。

3. 阅读

《读书是王道》一书中已经专门阐述过读书对于成长为一个完整的人的重要性，在这儿我重点谈阅读怎样帮助孩子的学业活动。

我们通过梳理心理学方面的一些学习理论，可以看到关键的两点：一是思维发展与语言系统的发育有密切关系，二是学习新知识依赖已有的智力背景。大量的阅读会使人的语言系统越来越完善。阅读之后获得的丰硕内容，会成为孩子强大的智力背景，二者使得孩子的思维能力及学习新知识的能力更强。

孩子在小学和初中低年级时，仅仅依靠聪明就可能取得好成绩，但如果没有阅读垫底，年级越高，他越会显得力不从心。这正如简单的建筑工程对工具及背景条件要求不高，越是宏大精美的工程，对工具及背景条件要求越高一样。

阅读多的孩子学习能力相对强。当他主动去学习的时候，丰富的语言和智力背景就来帮忙了。而阅读少的孩子，语言和智力背景的苍白使他自学能力羸弱，在越来越难的知识面前，在越来越多的竞争面前，他将更多地体会到力不从心，挫折感也更大。

一些父母不重视孩子的课外阅读，是因为他们担心，读课外书既浪费时间又影响学习，显得不合算，这其实是没有对孩子做长远考量的短视行为。

有的家长甚至会以孩子数学、物理学得好，却特别不爱学语文而沾沾自喜，觉得这样的孩子聪明。如果这孩子只是不喜欢语文课本身，但读过很多课外书的话，家长可以骄傲，说明孩子的潜力还是很大的，这种潜力越往后越会表现出来；但如果孩子一直缺少阅读，对语文课的厌倦是基于语文能力一直以来的低下，那就成了件比较麻烦的事，最终会导致严重问题，即便单纯从学业分数上看，他的数理科目也要受到拖累。

我不敢说爱读书的孩子学习一定好，但可以肯定地说，很少读课外书的孩子学习一定不会出色，而且在个人能力方面存在某些缺陷；即便他考上了好学校，在以后的生活中也会陆续显示出浅薄和无力。

我曾经认识一个清华男生 Q，就是这样的例子：理工科成绩非常好，语文只能说考试分数不错，但没有什么文化功底，而且他从不做课外阅读。他除了在考试这件事上不犯怵，别的都没有信心。和他交流起来也没有什么话题可深入，整个人空洞无物。

Q 毕业了没有胆量找工作，好不容易鼓足勇气去 IBM 面试，初试过了，复试还是被淘汰，理由是他综合素质能力不行。这一挫折使 Q 更没有勇气找工作了，最后还是凭关系才进了一家不错的单位。当然，他要随便找一个地方工作，就凭着名校毕业生的身份肯定也没问题，但问题是这样的人都心高气傲，如果不是响当当的地方他不会去的，面子上挂不住。

> ## 读书对儿童的心理治疗意义
>
> 儿童从儿童读物获得的对事物的印象会帮助他形成某些态度，这些态度并不会因为放下这些书本便消失，而是会和原有的一些观念态度融合起来，共同影响他在生活中的行为方式。
>
> 我们要善于使用儿童文学作品，以扩展儿童的经验世界，并借由想象的过程，达到治疗和辅导儿童全方面发展的目的。
>
> 例如，制作精良的绘本，本身是一种视觉艺术品，书本通过美丽的图像直接对眼睛说话。其中插画具有相当的艺术价值，丰富的色彩、线条、构图，呈现出视觉的艺术美感，文字的律动与节奏变化更促使孩童美学欣赏能力的提升。这样的绘本可以引领儿童遨游于天马行空的想象国度，提升儿童丰富的想象力和审美力。
>
> 同时，有目的地选择读物内容，能帮助儿童建立自我概念，为儿童提供抒发情绪的渠道，了解事情的处理方法，对儿童情绪的稳定、沟通表达、思考与解决问题、观察、分辨、分类等归纳与整理的能力都有帮助。
>
> 美国教育家杰姆·特米里斯认为，0~3岁是儿童形成阅读兴趣、阅读习惯的关键阶段。父母应在孩子很小的时候就养成每天为孩子朗读的习惯。每天20分钟，持之以恒，孩子对阅读的兴趣便在父母抑扬顿挫的朗读中渐渐地产生了。
>
> 从朗读、讲故事入手，及早培养儿童的阅读习惯。

还有一点就是：他是从其他地方考入清华的，虽然他在当地成绩名列前茅，但到清华后只是属于中等偏上一点的水平，甚至有些科目学习起来较为吃力，老师一节课的内容就涵盖了几十页或半本书的知识，他感觉跟上老师的进度困难。但班上有个同学是个"牛人",根本不记笔记,一边撕纸,一边听课,就把内容都搞懂了。

可爱的是,这个"牛人"还有别的本事:他酷爱西方名著和哲学,能用英语流利地背诵莎士比亚全集。

所以,文化底蕴的缺失会影响专业学习,因为这样的人的思维宽度和广度比起那些博览群书的人总是有很大局限性的。

哪怕孩子是个特别的数学天才,家长也应该关注他的阅读情况。比如让他去读几本数学家传记,这可能比让他多解两本习题集更能助他成为数学天才,让这个数学天才可以走得更远,飞得更高。

难道经常读书的人学习就一定好,不读书的就一定不好?当然不是。青年作家韩寒的大量阅读并没有让他的考试成绩很理想。但我们在思考一个问题时,不能把它孤立。造成他不喜欢数理科目的原因很多,教师、家庭、天赋、同学等都可能成为不利因素。阅读当然不能强大到解决所有的问题。但有一点是肯定的:他数学成绩差,绝不是阅读造成的。

反过来再思考,如果他数学本已不行,也没有阅读这样的爱好,他会怎么样呢?还会是出名的青年作家吗?

> 30年的经验使我深信,学生的智力发展取决于良好的阅读能力。缺乏阅读能力,将会阻碍和抑制脑的极其细微的连接性纤维的可塑性,使它们不能顺利地保证神经元之间的联系。谁不善阅读,他就不善于思考。
>
> ——教育家苏霍姆林斯基

4. 下围棋

围棋是中华民族传统文化中的瑰宝。围棋棋盘是标准的正方形,由纵横各 19 条线垂直、均匀相交而成,构成一幅对称、简洁而又完美的几何图形。棋中渗透了中庸、和谐、天人合一等理念,代表了东方哲学和文化。对于孩子而言,是一种极佳的智育活动。围棋具有很高的精确性和复杂性,可以用数字来表示。这种复杂性表现在围棋的变化、输赢的计算、形势的判断等方面。

围棋隐喻宇宙的运行

中国围棋大师吴清源考证说:围棋其实是古人的一种观天工具。棋盘代表星空,棋子代表星星。围棋棋盘的最大特点,在于它的整体性、对称性、均匀性。它是一个整体,上下左右完全对称,四面八方绝对均匀。它既无双方阵地之分,也无东西南北之别。棋盘可以横摆、竖摆,下棋者可以从任何一边落子。

围棋棋盘的这些特点十分契合宇宙空间的本质。围棋对弈隐喻着宇宙有生于无的形成规律。棋手就是要从空无一物的棋盘上开始着手,老子说:"天下万物生于有,有生于无。"《易》云:"无极而太极。"

现代宇宙学证实,在大规模的宇宙空间,物质的分布并非杂乱无章,而是呈现高度地对称与均衡。而宇宙同时在以均匀和对称的方式不断膨胀。

大爆炸假说认为,宇宙的创生是从无而来,宇宙源于 200 多亿年前某个时刻的一场大爆炸,从绝对的无中产生了时间空间,诞生了原始宇宙,并不断膨胀,才演变成今天这个样子。

点目是下围棋的基本功，围棋高手可以在一分钟之内完成精确点目。每一手棋都大致有其现实的意义或潜在的意义，特别是在收官阶段，棋手常常对每一手棋的价值都有明确的结论。

研究表明：围棋对弈类似于学习活动，可以同时激活大脑额叶、颞叶、顶叶、枕叶等多个脑区的活动，这是围棋能够促进学习的重要的生理机制。

而且，围棋对大脑功能的开发较为全面，不仅有利于大脑功能的协同活动、激发大脑的创造性，并且能开发大脑中主管人格相关区域的积极功能，培养棋手安静平和的个性。研究表明，长期从事围棋活动的小学生，其思维力、记忆力、想象力和计算能力都会在围棋训练中受到一定程度的积极影响。而这种影响能够以一种游戏和娱乐的方式完成，不可谓不高。

两个围棋高手下棋，很难有万全之策一招制敌，就像这世间的事多半是祸福相依。一个棋子落到棋盘上，没有缺点是不可能的，都有利弊，利多还是弊多？如是利多，就可以上了。围棋中的大局观，是小孩很难有的思想，但在围棋对弈中，他慢慢就会感受到并有意地培养这方面的思路。

围棋的思维讲究合理和平衡。围棋不需要真的把谁"杀掉"。它的目的不过是比对方的地盘占得多一点。每步棋都是这样，可能你有利益，我也有利益。

人们常说：高明的棋手永远要保留变化，因为保留了变化就保留了选择。如果没有变化了，那这个局就定型了。人生和下棋是一个道理。所以在前文中我曾说，一个孩子的学习成绩不需要永远拔尖，而是要留有变化，在自己的内心留有余地。

人生如棋，有进有退；棋如人生，胜负寻常。围棋中到处都有参悟的玄机，这何止在下棋，分明是在教做人，这直接对应了围棋能激活大脑人格相关区域的科学研究结果。

为何独推围棋？

也许有人会问，这么多棋类为什么独独推崇围棋？这主要在于棋文化的差异，我随便用象棋说明一下。

象棋对弈从"有"开始，尚未开战，棋盘上早已壁垒森严。围棋则从"无"开始，从空无一物的棋盘上陆续落子。象棋的每一个棋子的作用是固定的，而且看起来有天赋的优越条件，例如，车好似出身高贵的纨绔子弟，可以横冲直撞；马可以斜过去吃子。只有兵很可怜，只能往前，还只能走一步，过了河才能横行，横行也只能走一步。而且象棋带有浓厚的封建色彩：一切努力都是为了保护将，将死了棋局就终了了。

围棋每个子都没有高低贵贱之分，没有特权，全仗下棋人临阵决机。一切皆有可能，这正是希望所在。象棋的布局先固定死，再分头冲杀，而围棋的宏观布局先存于心，且边走边布，重在占位。

围棋形而上的成分多，象棋形而上的成分少，所以，围棋更有哲学的高度，学棋人自然也被这种智慧引领而往高处行走，想要了解个中滋味。

5. 去博物馆

本书多处谈到要培养孩子爱好阅读的习惯，让他去看各种各样的书籍。很多知识从书中得来终是浅，如果要让孩子在具体实物和抽象概念之间建立联系，就得经常带他参观各种各样的博物馆，如科技类、动植物类、艺术类博物馆等。

博物馆中展出的具体实物，可以帮助孩子学习新知或重温已有的知识，提高学习动力。孩子在实物面前思维更活跃，而且现在很多博物馆是体验式的，专门为儿童开辟了动手区域。孩子们本来就非常喜欢动手操作、亲身体验。父母可鼓励孩子独立去做，大胆去动手动脑，这个尝试的过程本身对孩子而言就是认识事物、锻炼能力的重要开端，更是一种快乐学习法。

一座博物馆就是一本厚重的教科书，仅靠一两个小时的参观，人们很难有真正的收获，所以博物馆不是只去一次就够的地方。

每次参观不要目的性太强，奢想去一次就让孩子觉得知识有趣而奋发图强，然后回家就陡然变得好学，这是不现实的想法。如果再提太多的要求，反而让孩子参观博物馆时有压力。应该要让孩子从中获得新奇、快乐和满足，而不要有那么明显的"上课痕迹"。

如果孩子对某一方面兴趣浓厚，提出相关问题，可以带孩子去书店或者搜索更多相关资料，引导孩子自己寻找答案。当孩子向父母提出问题时，父母要和孩子一起讨论，耐心地向孩子解释，父母积极地帮助孩子解决问题，孩子就会提出更多的问题。

> 费曼是美国著名的物理学家，他爸爸非常善于引导孩子思考。他将自己扮演成外星人，"外星人"遇到费曼，会问很多地球上的问题，比如："为什么会有白天和黑夜的区别啊？""为什么会有气候和天气的变化啊？"在这样的提问情境中，费曼学到了很多知识，也学会了思考。
> 爸爸的提问和讨论激发了他的学习热情，他对百科全书上的科学和数学的内容产生了极大的兴趣。他24岁时获得了博士学位，28岁时担任美国康奈尔大学教授，47岁时获得了诺贝尔奖。
> 爸爸也经常带费曼去博物馆，为了引导孩子对博物馆产生兴趣，爸爸还会使用提问的方式。他有时会指导孩子阅读某些相关书籍，然后再向他提问，对于孩子没有理解的问题，他用易懂的话为孩子解释，增强了费曼的学习兴趣，费曼也很珍惜和爸爸之间的这种快乐交流。

6. 旅行

常有人说"读万卷书不如行万里路"，因为行万里路不仅能丰富人的知识，而且能增强人的现实经验。知识和经验越丰富，思维也就越活跃，因为它们可以使人产生广泛的联想，因而思维敏捷广阔、"见多识广"。

我们可以在假期带孩子出去走走，开阔眼界，去实地体验和感受。没有什么会比实地体验给人带来的触动更深刻更强烈。那些不同的风土人情展开生动的生活画卷，人文景观呈现出深厚的文化底蕴，自然美景更是美不胜收。

"行万里路"也让孩子增强了适应能力，能更好地适应陌生的人群、陌生的地方、陌生的生活习惯。

经过精神历练，跋涉归来，体乏神清。

我们在旅行的时候不要仅仅忙于照相，表明"到此一游"，还要去享受和体悟生活，用心去感受美景，开阔眼界。多与孩子交流心得，引导孩子去观察和思考新事物。过多地拍照会影响旅行的乐趣，只有蕴藏故事和心得的照片，才值得我们留念和记忆。

曾看过一个美国人写的文章，让人有些感触。他写道："中国人旅游的时候似乎不愿意或不懂得去感受美景，到达一个景点后，他们都会相互拍照……然后迅速离开。中国人好像是为了'去那里做事'而不是去欣赏美景。"在这点上，孩子们有时候更为可爱，一般小朋友会很开心地欣赏和玩耍，过多地拍照会让他们反感。

在旅游和去博物馆这两项活动中，请注意两点：一是在整个过程中注意与孩子保持一种热情的交流状态；二是父母二人尽量都应抽出时间，共同参与到这个亲子活动中，让快乐游玩、热情求知、情感交流融为一体，这意味着在精神连接上，知识和快乐总是在一处的。

就像两三岁的幼儿，我们可以经常在看书时把他亲密地搂在怀里，孩子慢慢会很开心地拿书到爸妈怀里来看。我们并不能完全分清，他是因为待在爸妈怀里开心，还是读书开心。但这并不重要，只要他在最初的认知中对"书"这个东西产生好感就行，在好感中再去形成良好的阅读习惯，再去求知。

7. 学一门乐器

爱因斯坦曾对自己的孩子说："你应该去音乐中寻找心灵的归宿。"

音乐是与人的生命关系最为密切的一种艺术形式，在困惑或孤独时，音乐是我们获得安慰的源泉。让孩子学习一门乐器，并不是跟风追时髦，而是音乐给人的感觉对孩子来说太重要了。

美国哈佛医学院的研究发现，与从未学过乐器的孩子相比，有3年乐器学习经历的孩子在听觉辨别和手指灵巧方面更突出，词汇和非语言推理能力也更好，这说明演奏乐器能够提高孩子的阅读和写作能力。

孩子在学习某种乐器时，眼看乐谱，手持乐器，要在最短时间把看到的乐谱反映到脑子里；同时大脑发出指令，让手指和身体协调，进行演奏；乐器出声后，耳朵要听演奏效果，并进行判断。这个过程只有短短几秒钟，却充分调动了儿童的眼、耳、手、脑，因而有助于大脑开发。

5~13岁是儿童大脑发育的关键时期，科学的音乐知识学习能开发孩子的潜能。父母不一定要强迫孩子学音乐，重要的是在早期进行有意的引导，让孩子体会音乐之美。至于学哪种乐器，最好也由孩子自己选择。

  此外，孩子学乐器的年龄不要过早。比如两三岁的儿童精力难以集中，此时学起乐器会倍感吃力。如果家长因急于求成而责骂孩子，不仅会抹杀他们的兴趣，还可能引起他们的心理障碍。我也不赞成去刻意辛苦地求得乐器专业级别证书，如果孩子有这方面的天赋和精力，可因势利导，使其获得专业成就；如果他没有也别强求，孩子快乐就好。孩子正式开始学乐器最好在5岁后，5岁以前的儿童骨骼、关节还未完全发育成熟，长时间练习乐器会影响手部骨关节、韧带的生长发育。

  上个世纪初，有一位犹太少年，他做梦都想成为帕格尼尼那样的小提琴演奏家，一有空闲就练琴。可是连父母都觉得这可怜的孩子拉得实在太蹩脚了，认为他完全没有音乐天赋。

  有一天，少年去请教一位老琴师。老琴师说："孩子，你先拉一支曲子给我听听。"少年拉了帕格尼尼二十四首练习曲中的第三支，简直破绽百出。一曲终了，老琴师问少年："你为什么特别喜欢拉小提琴？"少年说："我想成功，我想成为帕格尼尼那样伟大的小提琴演奏家。"老琴师又问："你拉琴快乐吗？"少年答："我非常快乐。"

  老琴师把少年带到自家的花园里，对他说："孩子，你非常快乐，这说明你已经成功了，又何必非要成为帕格尼尼那样伟大的小提琴演奏家不可？你看，世界上有两种花，一种花能结果，一种花不能结果，不能结果的花更加美丽，比如玫瑰，又比如郁金香，它们在阳光下开放，虽说没有任何明确的目的，这也就够了。"

> 少年完全明白过来了，快乐胜过黄金，它是世间成本最低、风险也最低的成功。少年心头的那团狂热之火从此冷静下来，他仍然常拉小提琴，但不再受困于帕格尼尼梦想。
>
> 这位少年是谁？他就是日后名震天下的物理学家阿尔伯特·爱因斯坦。

8. 练书法

脑科学研究显示：精细运动有利于大脑皮层的发育，让儿童练习毛笔书法对他大脑右半球认知加工能力的发展有很强的促进作用，而普通硬笔书法训练则没有这种效果。

其实，写毛笔字对儿童的视觉分辨能力和手眼协调能力是一种非常好的训练项目。

首先，毛笔书法比一般的硬笔书法在线条的要求上更为细致，它的笔画并不是从始至终完全一样的，从提笔、运笔到最后收笔，线条的丰满程度都有所不同。

其次，毛笔字是软笔书写，着墨的多少全控制在手腕与手指之间，对手部小肌肉的精细控制能力要求很高，那些"手笨"或毛躁的孩子往往无法准确控制自己的手部运动，写字的时候会显得力不从心。

其实，那些平时成绩好、爱动笔的孩子写毛笔字就像他们学习功课一样轻松容易，字写得既漂亮又端正；而那些平时一写东西就心如乱麻、毛毛躁躁，连用硬笔写字都困难重重、错误百出的孩子写出的毛笔字则比较散乱。

写毛笔字是一门修炼心性的课程，能修去人的"急躁"和"神散"。古人云："写字用于养心，愈病君子之乐。"在可使人长寿的二十种职业中，书法名列榜首。

我个人感觉练习书法，临摹写字时写得太快，内心的感觉就会变少，在写每个字的时候，只不过靠行笔的惯性而已。只有写得慢，在这个过程中个人的感觉才能够融入进去，能够感悟到更多，能够让自己真正感觉手在控制，去准确地写下每一笔画。

但是要把字书写柔缓并非易事，你必须让自己的心非常沉静、绝虑凝神，力送毫端，注于纸上，不然你的手就会颤抖，无法控制好每一笔画。学书法能使人"静"，培养人的专心、细心、耐心、毅力等优秀品质，这是其他兴趣活动无法替代的。

有媒体曾经报道，一位教育家创办了一所所谓"出格"的大学，进行了一场史无前例的教改实验。他在学校开展"通识教育"，除了课堂，学生宿舍也成为了一个全天候的教学基地，专职老师与学生在此同吃同住，随时解答学生的问题。同时还有教师讲心理学，讲经济学，讲表达能力的培养，介绍世界文化、道德修养。这位大学的创校人就是一个兴趣广泛的人，对文物、书画、陶瓷都很有兴趣。他希望学生们明白：生活中多一些兴趣，人生就将更丰富，智力也可以开发得更好。这样的一所突破常规的学校，让人看见了一种新的教育希望，但是在现实的教育土壤中，阻力重重，据说实际情况并不理想，让人听了多少有些丧气。

不过，这位校长的教育思想依然闪闪发光，想在教育领域里实现这样的思想是相关行政和社会的大事，当然阻碍重重，但不代表我们做父母的不能在自己家的"一亩三分地"里努力实践，生活可以处处是学习。我们全都身处在人生、宇宙、自然的超大课堂，每一个看似普通的日子里，却有那么多智慧的点点滴滴渗透我们的大脑。

生活如此丰富多彩，让孩子去热爱自己、热爱生活、热爱学习！

后 记

爱养才是正途

孩子的进步，一方面是孩子自己努力的结果，另一方面也是父母用心的结果。父母的心用在孩子身上和没用在孩子身上，心用对了方向和没用对方向，对成长的影响是绝对不一样的。

父母的心域有多宽广就能带孩子走多远，如果它是一条狭窄的小溪流，孩子就只能在小溪流戏耍，如果它是一片辽阔大海，孩子就能在大海里尽情遨游。父母只有先充实自己内心的力量，才有能力陪孩子翻开《人生》这本沉甸甸、乐融融且意味深远的书。

请所有对孩子现状不太满意的父母都别失望和气馁，人生不是短跑，人生是马拉松，起跑快出几秒或慢了几秒对漫长的长跑来说是没有影响的。

　　人们常说,思路决定出路,其实信心决定出路这种描述更准确,因为只有当你抱着足够的信心,你才能兴奋起来,才能思维活跃,才能调动所有的脑细胞积极寻找"思路",而不是坐以待毙。

　　如果面对困难,自己先抑郁了,是不可能发现有效的思路去解决困难的,抑郁的"三低"症状中有一个症状就是思维力下降、思维缓慢。没有什么比心情糟糕更坏事了,它阻碍了你本来能够正常发挥的智力和能力,阻断了大脑中"聪明因子"间的连通。

　　我们很多时候远远没有到焦头烂额的不堪时刻,不要预先把自己放进无尽的焦虑中,影响我们用明慧的大脑处理问题的能力。最坏的结果不是没有学业有成、功成名就,而是杀人放火、仇恨人类和敌视社会。毋庸置疑,绝大多数的孩子都会成为乐观向上的良好公民。

　　当心安静下来,你的感觉才会变得非常地敏锐,从而比较容易获得智慧。

　　凡事请先稳定自己的情绪,家和万事兴,太平方有盛世,不要动不动家里一片愁云惨雾。有问题解决问题,就事论事,不给孩子扣帽子,不拿他的人格开玩笑,对他保持一份尊重,然后把精力和脑力投入现实问题的解决。

　　积极面对一切,信念无敌才能调动所有潜在能量。"感天动地"的精神和力量不是脆弱和愤怒,而是坚持不懈的顽强,即使失败了却依然不馁。

　　任何一个孩子都是独一无二的,我们有义务引导他们去做一个快乐自爱的人,即使是一个微不足道的普通人,也可以是一个快乐的普通人。

木匠和几何学家都可能会获得自我实现，但是因为他们的潜力和兴趣不同，他们的工具也各不相同。木匠需要用木材做成直角，以便他能做出家具或房屋；而几何学家需要用概念来理解直角抽象的特性，以便他能形成定理和证明。

木匠和几何学家的社会价值是一样的，不过他们在这个世界施行德行、施展才华的方式不同。我们应该对掌握一技之长并深得其道的人都抱有一份尊敬，不管他是木匠还是几何学家，不管他是裁缝还是服装设计师。

这个世界有高可参天的大树，也有根系沃土的小草，它们同样都给人带来悦人眼目的一番蓬勃生机。

骆驼不会像蛟龙似的水中翻腾，但它能征服沙漠，鸽子不能像孔雀似的美丽开屏，但它能征服天空。

大部分的人成不了龙也成不了凤，但他们总有自己的独特之处。一棵小草都会有独特的生命意义，同受天地的滋润，只要找到属于自己的一方水土，用执着的精神和踏实的脚步走入真实的生活，认真地去爱己爱人，就能海阔天空，成就平凡中的不凡。

总有一天，我们可以骄傲而又开心地说："这个世界——我们曾来过！"